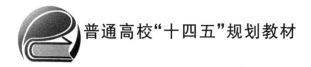普通高校"十四五"规划教材

飞机结构设计与分析

崔祚　丁勇　杨登红　李青　编著

北京航空航天大学出版社

内 容 简 介

本书以飞机结构为对象,分为飞机结构设计和飞机结构分析两部分。第一部分以定性设计为主,重点介绍飞机结构设计的相关内容,包括飞机结构的概述、飞机结构承受的外载荷、飞机结构的设计基础及飞机结构的零部件等。第二部分以定量分析为主,通过介绍飞机结构分析的基础理论,对飞机结构件的杆件结构、梁结构及薄板结构进行详细说明,并配以相关的例子。

本书可供国内高校航空航天类专业学生使用,也可为从事飞机结构设计与分析的技术人员提供参考。

图书在版编目(CIP)数据

飞机结构设计与分析 / 崔祚等编著. -- 北京 : 北京航空航天大学出版社,2020.8

ISBN 978 - 7 - 5124 - 3332 - 8

Ⅰ. ①飞… Ⅱ. ①崔… Ⅲ. ①飞机—结构设计②飞机—结构分析 Ⅳ. ①V221

中国版本图书馆 CIP 数据核字(2020)第 150137 号

飞机结构设计与分析

崔祚 丁勇 杨登红 李青 编著

责任编辑 张军香

*

北京航空航天大学出版社出版发行

北京市海淀区学院路 37 号(邮编 100191) http://www.buaapress.com.cn
发行部电话:(010)82317024 传真:(010)82328026
读者信箱:goodtextbook@126.com 邮购电话:(010)82316936
涿州市新华印刷有限公司印装 各地书店经销

*

开本:710×1 000 1/16 印张:11.5 字数:245 千字
2020 年 8 月第 1 版 2024 年 7 月第 3 次印刷 印数:2 001~3 000 册
ISBN 978 - 7 - 5124 - 3332 - 8 定价:35.00 元

前　言

　　飞机结构设计与分析是现代飞机设计与制造的一项重要内容。作者编写《飞机结构设计与分析》的宗旨是将飞机结构的设计与飞机结构的分析融为一体,更好地适应目前本科的教学需求。书中以结构的定性设计到定量分析为主线,希望学生能够逐步深入学习飞机结构的相关内容,也希望本书能够作为航空航天技术人员的参考书。

　　编写组成员在多年来的教学中,积累了大量的关于飞机结构设计与分析方面的资料,且多年从事相关课题的研究。本书的编写注重理论与实际相结合。首先,在定性地论述飞机结构承受的外载荷、飞机结构的基础件及传力分析等内容的基础上,阐述飞机结构的零部件,如机翼、机身、副翼、尾翼、增生装置及起落架等内容。然后,定量地介绍飞机结构分析的理论依据,介绍了结构分析的基础理论,如能量法、圣维南原理、叠加原理和互等定理等,并详细介绍了飞机杆件结构、梁结构及薄板结构。本书既介绍了飞机结构设计的基本概念、原则和方法,又阐述了飞机结构分析的基础理论和各主要结构件的分析方法,内容力求精炼、通俗易懂。

　　全书由崔祚任主编,其中第1～3章由崔祚编写,第4章由杨登红和李青编写,第5章由丁勇和杨登红编写,第6～8章由丁勇编写。

　　本教材在编撰过程中,参考了大量的国内外文献资料和兄弟院校的教材,特别是姚卫星等编著的《飞机结构设计》及郦正能等编著的《飞行器结构学》,在此对所有原作者表示诚挚的感谢。

　　由于编者水平有限,对书中不足之处,恳请广大读者批评指正。

作　者

2020 年 6 月

北航科技图书

扫描二维码,关注"北航科技图书"公众号,回复"3332"获取本书配套教学课件下载地址。

目　　录

第1章　绪　　论 ··· 1

　1.1　飞机的发展历程 ··· 1

　1.2　飞机结构及其分类 ······································· 5

　　1.2.1　飞机结构部件及其功能 ······················· 5

　　1.2.2　飞机结构的分类 ······························· 5

　1.3　飞机结构设计的任务 ····································· 7

　　1.3.1　飞机结构设计的要求 ··························· 7

　　1.3.2　飞机结构设计的基本内容 ······················· 8

　　1.3.3　飞机结构设计的原始条件 ······················ 10

　1.4　飞机结构设计的主要方法 ······························ 10

　　1.4.1　飞机结构设计方法的发展 ······················ 10

　　1.4.2　飞机结构的数字化设计 ························· 13

　　1.4.3　飞机结构的优化设计 ·························· 14

　1.5　飞机结构分析的任务 ···································· 15

　　1.5.1　飞机结构所承受的外载荷 ······················ 15

　　1.5.2　飞机结构的分析过程 ·························· 15

　1.6　飞机结构分析的主要方法 ······························ 16

　　1.6.1　飞机结构力学的任务 ·························· 16

　　1.6.2　飞机结构分析的主要依据 ······················ 16

　　1.6.3　飞机结构的有限元分析 ························· 17

　1.7　本书的基本安排 ·· 19

第2章　飞机结构的载荷 ··· 21

　2.1　飞机载荷的工作环境 ···································· 21

　　2.1.1　飞机飞行的大气环境 ·························· 21

　　2.1.2　低速空气动力学特性 ·························· 23

　　2.1.3　高速空气动力学特性 ·························· 25

　2.2　飞机结构的气动载荷 ···································· 28

　　2.2.1　机翼的外形参数 ····························· 28

　　2.2.2　机翼的升力和阻力 ···························· 30

　　　2.2.3　机翼形状对气动载荷的影响 ……………………………………… 33
　　　2.2.4　高速飞机的气动载荷 …………………………………………… 34
　2.3　飞机结构的其他载荷 ………………………………………………… 36
　　　2.3.1　载荷的分类 ……………………………………………………… 36
　　　2.3.2　热载荷 …………………………………………………………… 36
　　　2.3.3　噪声载荷 ………………………………………………………… 37
　　　2.3.4　瞬时响应载荷 …………………………………………………… 37
　2.4　飞机结构的过载 ……………………………………………………… 38
　　　2.4.1　飞机坐标系 ……………………………………………………… 38
　　　2.4.2　过载的概念 ……………………………………………………… 39
　2.5　飞机在不同飞行状态下的过载 ……………………………………… 39
　　　2.5.1　起飞、着陆等载荷下的直线飞行 ……………………………… 39
　　　2.5.2　垂直平面内的曲线飞行 ………………………………………… 40
　　　2.5.3　水平面内的曲线飞行 …………………………………………… 41
　　　2.5.4　突风载荷下的飞行 ……………………………………………… 42

第3章　飞机结构的设计基础 …………………………………………………… 44
　3.1　飞机基本元件的承力特性 …………………………………………… 44
　　　3.1.1　紧固件 …………………………………………………………… 44
　　　3.1.2　受力元件 ………………………………………………………… 45
　　　3.1.3　受力构件 ………………………………………………………… 45
　3.2　结构传力分析的基本方法 …………………………………………… 46
　　　3.2.1　传力分析的基本过程 …………………………………………… 46
　　　3.2.2　飞机结构的传力特性 …………………………………………… 47
　　　3.2.3　飞机结构型式的选择 …………………………………………… 49
　3.3　飞机结构材料 ………………………………………………………… 50
　　　3.3.1　有色金属材料 …………………………………………………… 50
　　　3.3.2　黑色金属材料 …………………………………………………… 52
　　　3.3.3　复合材料 ………………………………………………………… 52
　3.4　飞机材料的选用原则 ………………………………………………… 53
　　　3.4.1　比强度和比刚度 ………………………………………………… 53
　　　3.4.2　不同结构件的比强度和比刚度 ………………………………… 54
　　　3.4.3　飞机结构材料的选用原则 ……………………………………… 56

第4章　飞机结构部件的设计 …………………………………………………… 58
　4.1　机翼的结构设计 ……………………………………………………… 58

　　4.1.1　机翼结构的设计要求·· 58
　　4.1.2　机翼结构设计的原始要求·· 58
　　4.1.3　机翼的主要受力构件·· 59
　　4.1.4　机翼结构的受力型式·· 61
　　4.1.5　机翼受力型式的设计·· 62
　4.2　机身的结构设计·· 63
　　4.2.1　机身的设计要求·· 63
　　4.2.2　机身的基本参数·· 64
　　4.2.3　机身的主要受力构件·· 65
　　4.2.4　机身结构的受力型式·· 66
　　4.2.5　机身结构受力型式的选择·· 67
　4.3　操纵面的结构设计·· 68
　　4.3.1　副　翼·· 68
　　4.3.2　尾翼的结构设计·· 69
　　4.3.3　扰流板和减速板·· 70
　　4.3.4　前缘增升装置·· 70
　　4.3.5　后缘增升装置·· 72
　4.4　起落架的结构设计·· 73
　　4.4.1　起落架的功用··· 73
　　4.4.2　起落架的设计要求·· 74
　　4.4.3　起落架的配置型式·· 74
　　4.4.4　起落架的结构型式·· 76

第5章　飞机结构分析的力学基础 ·· 79

　5.1　矢量力学法··· 79
　　5.1.1　平衡方程··· 80
　　5.1.2　应　变··· 82
　　5.1.3　相容性方程··· 84
　　5.1.4　应力与应变的关系·· 85
　　5.1.5　边界条件·· 87
　5.2　能量法·· 89
　　5.2.1　应变能和余能·· 89
　　5.2.2　能量原理和方法··· 91
　5.3　弹性理论的基本原理·· 101
　　5.3.1　叠加原理·· 101
　　5.3.2　互等定理·· 102

　　　5.3.3　圣维南原理 ……………………………………………… 103

第6章　飞机杆件结构分析 ………………………………………… 105

　6.1　杆件结构 …………………………………………………… 105
　　　6.1.1　桁架结构 ……………………………………………… 106
　　　6.1.2　刚架结构 ……………………………………………… 107
　6.2　板杆结构 …………………………………………………… 107
　　　6.2.1　板杆结构计算模型 …………………………………… 107
　　　6.2.2　剪切板 ………………………………………………… 108
　　　6.2.3　杆　件 ………………………………………………… 112
　6.3　杆件结构的几何特性 ……………………………………… 112
　　　6.3.1　几何特性与判断方法 ………………………………… 113
　　　6.3.2　桁架结构的几何特性 ………………………………… 114
　　　6.3.3　刚架结构的几何特性 ………………………………… 116
　　　6.3.4　板杆结构的几何特性 ………………………………… 117
　6.4　静定结构的力法分析 ……………………………………… 117
　　　6.4.1　静定结构概念与力法静力分析 ……………………… 117
　　　6.4.2　静定桁架结构的静力分析 …………………………… 118
　　　6.4.3　静定刚架结构、板杆结构的静力分析 ……………… 119
　6.5　静不定结构的力法分析 …………………………………… 120
　　　6.5.1　静不定结构概念 ……………………………………… 120
　　　6.5.2　静不定结构内力计算 ………………………………… 121
　　　6.5.3　单位载荷法计算位移 ………………………………… 126
　6.6　静力分析的位移法 ………………………………………… 126

第7章　飞机薄壁结构的梁理论分析 ……………………………… 129

　7.1　梁结构分析理论 …………………………………………… 129
　　　7.1.1　弹性力学梁理论 ……………………………………… 129
　　　7.1.2　欧拉-伯努利梁理论 ………………………………… 130
　　　7.1.3　铁木辛柯梁理论 ……………………………………… 132
　7.2　欧拉-伯努利梁理论基础 ………………………………… 134
　7.3　梁的正应力分析 …………………………………………… 136
　　　7.3.1　折算系数法 …………………………………………… 136
　　　7.3.2　正应力计算 …………………………………………… 137
　7.4　开口截面梁的剪应力 ……………………………………… 142
　　　7.4.1　剪流分析 ……………………………………………… 143

　　7.4.2　弯心计算 ……………………………………………… 145

　7.5　闭口截面梁的剪应力 ……………………………………… 149

　　7.5.1　剪流分析 …………………………………………… 149

　　7.5.2　位移计算 …………………………………………… 152

　　7.5.3　弯心位置的确定 …………………………………… 152

　　7.5.4　扭心位置的确定 …………………………………… 153

第8章　飞机薄板结构的分析 ………………………………… 154

　8.1　薄板的小挠度弯曲理论 …………………………………… 154

　　8.1.1　薄板基本概述 ……………………………………… 154

　　8.1.2　基本方程 …………………………………………… 156

　　8.1.3　边界条件 …………………………………………… 160

　8.2　矩形薄板弯曲的解法 ……………………………………… 162

　8.3　薄板结构的稳定性 ………………………………………… 164

　　8.3.1　受压简支薄板的稳定性 …………………………… 164

　　8.3.2　薄壁杆的局部失稳 ………………………………… 166

参考文献 ………………………………………………………… 170

第1章 绪 论

飞机结构是指飞机中受力和传力的元件和构件,能够承受和传递载荷,保持一定的刚度、强度和稳定性的机械系统。不同的飞机结构会形成不同的传力路线,这就体现了不同的设计思想,所以飞机结构设计与分析的任务就是获得理想的传力路线。根据飞机结构设计、加工工艺、使用维护等方面的要求,飞机结构一般分为机身、机翼、尾翼、发动机等多个不同部件,每个部件结构又可细分为组件结构、构件结构和零件结构等。飞机结构设计是将飞机设计构思变成飞机实体的过程,而飞机结构分析是飞机结构设计的技术基础。

1.1 飞机的发展历程

随着科学技术和社会需求的不断发展,飞机动力、结构、材料和工艺都在不断地突破和改进,飞机的结构也在不断地优化和改进,特别是曾受到战争和冷战的推动而迅速发展。目前,人们依然在探索新颖的飞行技术途径,设计多种不同的高性能飞机,但飞机的发展历程非常坎坷与艰辛,甚至部分航空先驱付出了生命的代价。为了更好地了解飞机结构的演变,本节首先对飞机的整个发展历程进行回顾,发展历程大致分为四个时期。

1. 飞行探索时期

飞行的探索时期主要是指 20 世纪以前人们探索离地升空技术的时期。公元前 100 年,中国出现了风筝和竹蜻蜓。风筝是一种重于空气的飞行器,是靠绳子的拉力使其与空气产生相对运动而获得升力,这向人们展示了可通过采用合理固定翼面,将拉力和升力分开从而实现飞行。竹蜻蜓利用叶片和水平旋转面之间的倾角,将空气向下推,同时获得向上的反作用力,即升力。当旋转速度相同时,竹蜻蜓的升力会随着叶片倾斜角的增大而增大。当叶片旋转速度足够大时,升力就会大于竹蜻蜓本身重量,竹蜻蜓便可向上飞起。该飞升原理与现代直升机相类似,竹蜻蜓叶片相当于直升机的螺旋桨。

到 18 世纪,人们逐渐将注意力集中到热气球的研究中。法国科学家查理制作了氢气球,并在巴黎上升到约 915 m 处,飘行了 25 km 后安全降落,后续实现了首次氢气球载人飞行。为了更好地操纵气球飞行方向,人类研制了带有动力并可以操纵的飞艇。飞艇载人飞行的成功激发了人类征服自然的热情,推动飞行探索进入更科学的阶段。例如,乔治·凯利发现了重于空气的航空器的飞行原理,研究了飞机重力、升力、阻力和推力之间的关系,并发表了《论空中航行》等著作,被认为是现代航空学诞生的标志。他首先提出利用固定机翼产生升力、利用不同翼面控制和推进飞机等设计概念,初步勾画出现代飞机部件的轮廓,包括机身、机翼、尾翼等结构,同时指出飞机必须有垂直舵面和水平舵面等。

在飞行探索时期,人类对飞行的探索多出于对鸟类飞行的向往和想象,难以实现真正的飞行。到了近代,各种基础技术得到迅速的发展,离地升空技术的研究手段和研究工具更加科学,人们对飞行原理的认识也在不断加深,对飞机的研究取得了实质性的进步。

2. 活塞发动机时期

飞机发展的活塞发动机时期主要是指 20 世纪初至 40 年代中期,是活塞式飞机发动机迅猛发展的时期,航空发展取得了很多重大突破。在第一次世界大战之前,美国莱特兄弟认为飞机的平衡、俯仰和改变飞行方向可以通过偏转舵面来实现,同时发明了卷角翼尖来保证横向的稳定和操纵,从而实现飞机围绕三个轴运动,从理论和实践两个方面解决了飞机的稳定操纵问题。他们以滑翔机为基础制成一架飞机,并实现了人类第一次持续的、有动力的、可操纵的飞行,开创了现代航空的新纪元。第一次世界大战的爆发将飞机真正推上了历史舞台,各交战国共制造了 70 多类多达几十万架的飞机投入战场,如英国的 SE5A 和"骆驼"、法国的纽波特、德国的福克 E 和"信天翁"等飞机。

这一时期,飞机发动机、燃料、结构、材料、冷却方式等方面的发展突飞猛进,工程师为改进飞行性能付出了巨大的努力,并取得了重大突破。飞机在全金属结构、单翼布局、拉力蒙皮技术、可收放起落架、变矩螺旋桨、发动机涡轮增压技术及空气动力学上的增升装置、新型翼型及减阻技术等方面有明显改进,主要包括:

(1) 发动机技术:发动机采用涡轮增压方式提高进气量,改进气冷与水冷技术,提高燃料压缩比,发动机零部件采用铝合金等,提高了发动机的功率和寿命,使发动机的质量/功率比降到 6.67 N/kW,单台发动机的功率从 1919 年的 294 kW 提高到 1 470 kW。

(2) 空气动力学技术:在理论方面,机翼理论、升力理论和边界层理论等发展迅速;在测试方面,风洞为飞机研制提供了新的测试方式;在气动布局方面,出现了各种增升/减阻工程应用:双翼机改为单翼机、起落架改为收放式、座舱变为封闭式、发动机加装整流罩等。

(3) 飞机制造材料:从第一次世界大战时的层板、亚麻布和棉布改为铝合金蒙皮,提高了强度,降低了气动阻力。

(4) 导航和定位技术:美国无线电导航技术成功通过飞行试验,民航机普遍采用无线电导航,到第二次世界大战前夕,英国又发展了雷达技术。

上述航空技术的发展对飞机降低飞行阻力、提高飞行速度和提高飞机载重等方面十分有利。第二次世界大战结束前,飞机以活塞发动机作为动力,最大平飞速度已达到 700 km/h。当飞机飞行速度接近声速时,会出现阻力剧增、升力下降、机翼/尾翼发生抖振和操纵性恶化等异常现象,也称为"声障"。后来通过空气动力学研究发现,当飞机飞行马赫数超过一定值时,飞机某些部位的空气流动会处于局部超声速状态,出现激波并使得阻力急剧上升;激波与边界层相互作用导致升力和俯仰力矩急剧下降,产生激波失速,边界层分离,并引起抖振。

从力学角度看,只要飞机能够提供足够大的推力,就可以突破"声障",但当时由活塞式发动机和螺旋桨组成的推进系统已不能为飞机提供更大的推力,不可能满足高亚声速和超声速飞行的动力要求。在第二次世界大战后,随着喷气发动机和喷气式飞机的诞生,迎来了飞机发展的第三个阶段。

3. 喷气式发动机时期

喷气式发动机时期主要是指 20 世纪 40 年代末,喷气发动机和喷气式飞机的发展阶段。1946 年,世界上第一代喷气式战斗机问世,如美国 F-84"雷电"、F-6F"地狱猫"、F-86"佩刀"和苏联的雅克-15、米格-9、米格-15 等,标志着喷气式飞机时期的开始。上述飞机虽然使用了喷气发动机,但由于采用了与螺旋桨飞机类似的平直机翼布局,飞行速度并未达到声速。这也表明飞机要突破声障,除了需要增加推力,还需依靠气动布局与外形设计,以减小空气阻力。

为实现持续的超声速飞行,科学家们提出了飞机的后掠机翼布局,即各剖面沿展向后移的机翼布局。后掠翼机翼可减小空气压缩性对气动特性的影响,推迟激波产生,削弱激波强度,降低激波阻力,迟缓出现跨声速物面的各种异常现象。典型的第一代超声速飞机主要包括德国的 Me262 Schwalbe、F-100"超级佩刀"型战斗机和苏联的米格-19,最大马赫数达到 1.3~1.5。后续为了解决高速飞机的低速问题,人们逐渐开始研究可变后掠翼。在起飞、着陆或低速飞行时,飞机机翼变成小后掠角、大展弦比的外形,提高了飞机升阻比,缩短了起飞、着陆距离;在超声速飞行时,将机翼变成大后掠角、小展弦比的外形,可以降低飞机波阻,提高飞行速度。第一架可变后掠机翼的战斗机 F-111A 在 1964 年首次试飞成功。

随着航空技术的发展,20 世纪 60 年代开始便出现了第二代超声速喷气式战斗机,其最大飞行马赫数约为 2,代表性的战斗机有美国 F-104"星"、F-4"鬼怪"、苏联米格-21 和法国的"幻影"Ⅲ等。后续出现了飞机翼身融合的设计概念,将机身和机翼作为一个整体设计和制造,使机体结构质量和外露面积减小,内部可用空间和结构刚度增加,升阻比提高,使得翼身融合的超声速/亚超声速飞机的飞行性能得到明显改善。

自 20 世纪 70 年代中期开始,美国和苏联相继研制了飞行马赫数为 3 的飞机,声障、热障和飞行中的其他技术问题均被突破,人们开始关注飞机的高机动性、优良的机载电子设备和机载武器等方面的性能。喷气式战斗机的发展逐渐进入了性能更完善、设计思想更成熟的第四代喷气式战斗机的阶段。第四代喷气式战斗机主要包括美国的 F-14"雄猫"、F-15"鹰"、F-16"战隼"和 F/A-18"大黄蜂",苏联的米格-29 和苏-27,以及法国的"幻影"2000 等机型。上述飞机采用了边条翼、前缘襟翼、翼身融合等先进技术,增强了飞机在低速大迎角状态下的气动性能;使用了电传操纵系统和主动控制技术,大大提高了操纵性能;装备了推重比为 8 的涡轮风扇发动机,为飞机进行各种高难度机动飞行提供了动力保障。

总体上,第四代喷气式飞机具有优异的中低空跨声速/亚声速性能,以及多目标攻击等能力,还具有很强的对地攻击作战能力,是目前世界各国空军的主战装备。从 20 世纪 80 年代起,美国、苏联和其他国家开始研制第五代喷气式战斗机。与前四代战斗机相比,这一代战斗机的主要特征包括:

(1)飞机具有优良的隐身性能。采用隐身外形设计,对发动机尾喷的红外辐射能量采取屏蔽等措施,降低敌方雷达探测及制导武器攻击的可行性,提高飞机的生存能力。

(2)具有超声速巡航能力。采用先进的气动外形和配装大推重比的涡轮风扇发动机,使飞机具有超声速巡航能力,缩短突防时间,同时也可为发射远距武器提供初始动力。

(3)具有优良的机动能力。采用先进气动布局、直接力控制和发动机推力矢量技术,使飞机在全飞行包线范围内具备优良的机动能力。

(d)具有优良的战场信息感知能力,飞机平台、火控系统、动力系统高度综合,提高了飞机的作战效能。

4. 高超声速飞行时期

在 20 世纪上半叶,研究者提出了高超声速的概念并开始研究相关技术。如利用火箭作为飞机动力装置。我国著名科学家钱学森是高超声速技术的最早倡导者之一,并在 1945 年发表了《高超声速流动的相似律》等论文,奠定了高超声速无黏流的理论基础。1949 年,美国通过在 V-2 火箭顶部加装 WAC 下士火箭,研制并试验了首个高超声速飞行器,飞行高度达 392.6 km,速度达 8 286 km/h,马赫数接近 7。20 世纪 50 年代至 70 年代,高超声速飞机相关理论发展较快,形成了高超声速飞机发展的重要阶段。例如,苏联"东方号"飞船是人类第一个载人的高超声速飞行器;美国火箭试验机计划 X-15,在高超声速气动加热、无动力滑翔、着陆技术、有翼太空飞行和结构设计等方面取得了大量成果。

20 世纪 80 年代至今,航天工程师研制了一种为穿越大气层而设计的火箭动力航天器,即航天飞机。航天飞机是一种有翼、可重复使用的航天器,由辅助的运载火箭发射脱离大气层,作为往返于地球与外层空间的交通工具,是人类在重复使用运载器方向迈出的具有探索性的重要一步,开创了人类航天的新纪元。近年来,美国开展了 FALCON 计划,侧重发展小型运载火箭(SLV)和高超声速武器系统(HWS),并采用高超声速技术验证机 HTV-1、HTV-2 和 HIV-3X 分别验证通用气动飞行器(CAV)、增强型通用气动飞行器(ECAV)技术和高超声速巡航飞行器(HCV)技术。

从上述飞机的发展历程可以看出,现有典型的飞机结构设计都经历了严格的考验,未来的飞机结构分析与设计也应当从这些已有飞机设计成果中汲取设计理念,并在此基础上不断发展。

1.2 飞机结构及其分类

1.2.1 飞机结构部件及其功能

飞机由机翼、机身、起落装置、动力装置和尾翼等部件组成,如图 1.1 所示。

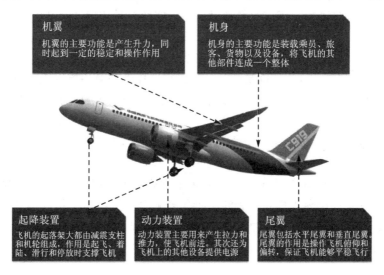

图 1.1 飞机结构部件的组成

（1）机翼:机翼是飞机升力的主要提供者,与尾翼一起保证飞机的操纵性和稳定性。在飞机上,起落装置、动力系统、武器系统等安装在机翼的某个位置上,机翼内部空间也可用于装载燃油和部分机载设备等。

（2）机身:机身位于飞机中部,用于连接机翼、尾翼、起降装置等多个部件,一般用于装载人员、货物、燃油和部分机载设备等。

（3）起降装置:起降装置是飞机滑跑、起飞、着陆、地面停放时支撑飞机的装置,主要用于着陆缓冲,缓解冲击载荷,并改善滑行性能等。

（4）动力装置:飞机动力装置是指涡轮风扇发动机、涡轮喷气发动机和涡轮螺旋发动机等装置(包含发动机启动、操纵、散热、进气和排气等系统),主要功用是产生足够的推力。

（5）尾翼:飞机尾翼通常布置在飞机尾部,可分为水平尾翼和垂直尾翼两部分,主要功用是保证飞机纵向和横向的稳定性和操纵性。

1.2.2 飞机结构的分类

根据飞行任务的不同,不同种类的飞机采用了不同的动力装置,有着不同的受力结构和传力形式。因此,飞机结构可以根据升力的产生方式和不同传力形式进行分类。

1. 按升力的产生方式分类

飞机可由直机翼、螺旋桨、多旋翼等产生升力,所以对应的飞机结构可分为固定翼飞机、单旋翼飞机和多旋翼飞机三类。

(1) 固定翼飞机:目前民航飞机和战斗机大多是固定翼飞机,即飞机机翼位置和后掠角等参数固定不变。固定机翼通过保持一定的前飞速度产生升力来平衡飞机重力,因此,固定翼飞机不能垂直起降。与直升机相比,固定翼飞机的优点是结构简单,飞行距离更长,耗能更少;缺点是起飞和降落均需要跑道。

(2) 单旋翼直升机:直升机是一种靠旋翼直接提供升力的旋翼飞机,由周期变距杆、总距操纵杆、脚蹬、油门等控制输入。其中,直升机的升力由总距操纵杆和油门共同控制,旋翼的迎角由总距操纵杆控制。由于单旋翼直升机的升力直接由旋翼提供,因此可以垂直起降,不需要跑道。与固定翼飞机相比,单旋翼直升机的机械结构复杂,维护成本较高,续航时间也相对较短。

(3) 多旋翼飞机:多旋翼飞机是具有多个螺旋桨的飞机,具有垂直起降能力,如图 1.2 所示的是四旋翼飞机和六旋翼飞机。多旋翼飞机由多个螺旋桨产生拉力、俯仰力矩、滚转力矩和偏航力矩,通过控制各个螺旋桨的转速来快速调节飞行状态。与单旋翼直升机相比,多旋翼飞机具有结构简单、操控简单、可靠性高、维护成本低等优点。

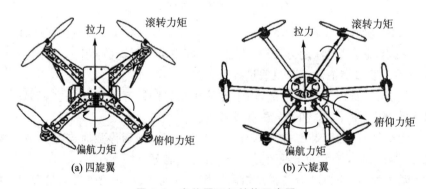

(a) 四旋翼　　　　　　　　　　　　　(b) 六旋翼

图 1.2　多旋翼飞机结构示意图

综合上述三种典型飞机结构的优点,目前出现了多种复合结构的飞机,例如倾转三旋翼复合直升机,由三旋翼和固定翼结构复合而成,既能高速前飞又能垂直起降,其旋翼能够相对机身倾转。

2. 按结构传力形式分类

随着航空科技的发展,越来越多的新型飞机不断涌现,不同类型飞机的结构的传力形式有相似之处。按照传力形式的不同,飞机结构形式可分为蒙皮骨架式结构、整体结构、夹层板结构、杆系结构等。

（1）蒙皮骨架式结构：在飞机结构中，机翼、尾翼和机身等大多采用蒙皮骨架式结构，该结构由外部蒙皮和内部骨架组成。其中，纵向骨架主要用于承受和传递弯矩和轴向力，横向骨架和蒙皮主要用于承受和传递剪力与扭矩。

（2）整体结构：飞机机翼的整体壁板翼面等属于整体结构，该结构将蒙皮和骨架合为一个整体。在飞机机翼设计中，通常采用厚度相对较小的翼型来减小阻力，但又需要增加蒙皮厚度来提高翼面的承载能力，所以一般采用若干整体件铆接装配而成。

（3）夹层板结构：该结构由上下两层薄面板和中间夹芯层粘结或焊接而成，面板材料通常采用金属材料和复合材料，芯层一般采用波纹板、蜂窝格、硬泡沫塑料等轻质材料。其中，内外层面板用来承受载荷，中间夹芯层起到支撑作用。该类型结构的强度和刚度较大，结构耐热性和绝热性好，在飞机上得到了广泛应用。

（4）杆系结构：该结构是由一定数量不同方向的杆件连接而成的框架，在飞机机翼、尾翼和机身中有较多的应用。根据节点的不同形式，可分为桁架结构、刚架结构和混合型构架。桁架结构载荷作用在节点上，通常用于承受和传递轴力，刚架结构可用来承受和传递剪切和弯曲载荷。

1.3 飞机结构设计的任务

1.3.1 飞机结构设计的要求

在设计过程中，需要满足飞机结构技术要求中的一些基本要求，包括气动要求、质量要求、使用维护要求、工艺要求、经济性要求等。各项要求可以是相互关联的，如经济性要求主要是指合理选择材料、制造工艺、精度要求等，这与飞机气动要求、使用维护要求、工艺要求基本一致。同时，上述各项要求有时又是互相制约的，如飞机的质量要求和结构的可靠性要求等。所以，飞机设计人员需要综合考虑结构设计的要求，分析各要求之间的相互关系。

1. 气动要求

气动要求是飞机结构设计最基本的要求。所设计出的飞机结构必须满足气动要求，获得良好的气动升阻力特性，保证飞机能够达到预定的气动性能指标，机翼、尾翼、机身等结构不能出现过大的变形，使结构外形能满足规定的外形准确度要求和表面质量要求，同时使结构质量尽量轻、工艺性良好，以及使用维护方便等。

2. 最小质量要求

最小质量要求是飞机结构设计的主要要求之一。在相同的性能指标下，如果将飞机结构质量减轻1%，可使飞机的总质量降低3%～5%，油耗减少3%～4%。随着飞机寿命的增加，减轻结构质量对经济利益的影响非常大。因此，"为减轻每克质量而奋斗"是飞机设计过程中的一个重要理念。特别对于军用飞机，飞机的质量与起降性能、航程、机动性等指标有很大关系,因此,减轻质量也是军用飞机结构设计的最重要的要求之一。

在承受各种规定载荷和使用环境条件下,结构设计虽然要使结构质量尽可能轻,但还应保证结构具有足够的强度、刚度和寿命,避免产生影响工作的残余变形、气动弹性问题及各种振动问题等可以概括为强度/刚度-质量要求。

3. 使用维护要求

使用维护是飞机安全可靠飞行的重要保证,所以使用维护要求是飞机结构设计的一个基本要求。处于临战状态的军用飞机,对于使用维护的便捷性和高效性有着严格的要求。在使用维护要求中,要求飞机结构具有一定的"开敞性",即必须设计相应的分离面、开口和通道,保证维护人员能够接近或进入内部结构,安全和可靠地进行维护工作。在飞机结构设计过程中,合理布置分离面、各种开口和检修通道,可以有效提高飞机的可靠性和安全性,还可以降低飞机的使用成本和保障成本。

4. 工艺要求

飞机结构的工艺性要求主要是指在综合考虑飞机机种、产量和加工条件等因素的前提下,实现快速加工和低成本等。飞机结构工艺性的好坏要结合实际生产条件,如产品数量、产品工期、加工条件等。目前,数控加工、3D打印等多种现代制造技术可以为复杂零部件的快速生产提供保障,现代加工工艺的发展也对结构设计人员提出了更高的要求。所以,飞机设计人员需要熟悉飞机各零部件的预期产量和加工条件,在设计时要听取工艺人员的建议,确保飞机零部件结构设计满足工艺要求及工厂生产条件。

1.3.2 飞机结构设计的基本内容

飞机结构设计是根据飞机总体设计的原始条件,拟定出满足基本设计要求的飞机结构方案,并进行零部件结构设计、分析和试验,最终提供完整的零部件图纸和相应技术文件的过程。该设计过程是将飞机结构设计任务转化为可实施的技术文件的创造性过程。在现代飞机的研制过程中,通常要经历论证阶段、方案阶段、工程研制阶段、设计定型阶段、生产定型阶段等多个程序。对于飞机结构设计而言,工作主要集中在方案设计阶段和工程研制阶段。

在方案设计阶段,在充分调研的基础上,要了解飞机结构的受载情况、使用条件、结构的外形尺寸和生产条件等,分析总体设计任务书等原始资料,提出飞机结构的设计方案;选择合理的结构布局与结构形式,布置受力构件,分析传力路线,完成结构的总体设计,进行结构设计的方案论证。

在工程研制阶段,首先进行飞机零部件的详细设计,对零部件结构进行强度、刚度计算,分析结构静力学和动力学特性。对重复使用的零部件,还需进行疲劳、耐久性和损伤容限设计;对受热载荷的结构件还需进行热力学分析。除了理论分析计算外,还需进行必要的试验,最终确定飞机零部件结构的尺寸、材料、装配形式等,绘制工程图样,并形成完整的可供生产的工作图纸和相应的技术文件。技术文件主要包括设计报告、计算报告、试验报告和各类说明书等。

飞机结构实质上是能承受和传递载荷的受力系统,它必须满足一定的强度、刚度、寿命和可靠性等要求。虽然不同飞机的结构有所差别,但结构设计的内容有着共同之处。从设计过程的工作特点来看,飞机结构设计主要包括以下内容。

1. 结构的布局设计

飞机结构的布局设计主要是指设计飞机各组成部分的尺寸和形状,确定各零部件的装配位置和对应的传力路径,设计结构分离面及其连接形式等,以保证飞机各零部件位置合理,工作协调性好。在飞机设计中,结构分离面分为设计分离面和工艺分离面两类。设计分离面一般是指由于结构设计、使用维护和安全性等方面的需要而设置的分离面,例如机翼和机身之间的分离面等,该类型分离面通常是可拆卸的;工艺分离面是指由于加工、装配等为提高结构工艺性而设置的分离面,通常是不可拆卸的。

2. 受力构件的布置设计

在不同飞行情况下,飞机要承受多种较为复杂的外载荷作用,这就要求飞机结构有良好的承力性能。在受力构件的布置设计中,首先要选择合适的结构形式,如蒙皮骨架结构、整体结构、夹层结构、杆系结构等。寻求合理的结构形式,既使其满足强度、刚度等要求,又要使结构质量尽可能轻。在结构形式确定后,对结构的受力构件进行布置,使结构传力路线最短。

3. 结构材料的选用

目前,飞机使用的材料种类较多,包括金属材料、复合材料、非金属材料,其中应用广泛的材料有铝合金、镁合金、合金钢、钛合金、复合材料及各种特殊材料。所以,需要根据飞机结构零部件的性能需求,选用合适的材料,满足飞机结构设计的基本要求。

4. 结构强度和刚度的校核

在确定飞机零部件结构材料之后,需要校核其在不同外载荷作用下的强度和刚度,分析其抵抗断裂破坏、失稳和变形的能力。通常情况下,飞机结构强度和刚度的校核可分为设计计算和校核计算两种。设计计算是根据初步设计方案进行强度和刚度估算,目的是合理选择结构形式、材料种类和工艺方法等;校核计算是对结构零部件及其装配组件进行精确计算,目的是检验设计的正确性,特殊情况下还需通过各种地面试验进行验证。

5. 接口协调性的设计

接口协调性的设计是指分析各分系统、各设备、各组件及各零部件之间的协调连接关系。接口协调性设计涉及大量的协调工作,牵扯面广、工作量大,贯穿于整个飞机的研制过程。其中,使用维护口盖也属于一类接口,合理口盖的设计和布局有助于飞机维护和维修。

1.3.3 飞机结构设计的原始条件

在进行飞机结构设计之前,必须充分了解与飞机结构设计相关的原始条件,主要内容包括:

(1) 飞机结构设计任务书及相关资料。明确所设计飞机结构及其各零部件在外形、尺寸、质量、质心和转动惯量等方面的规定,知晓飞机内部仪器设备或其他装载物的外形尺寸与安装要求等。

(2) 飞机结构的工作环境。飞机工作环境是指飞机的起飞环境、飞行环境和降落环境等。飞机设计之前需要明确其结构的工作环境,并正确评估各种复杂环境对结构的影响。在飞行过程中,结构的工作环境主要是指以温度、湿度、气压、风、雨等为代表的自然环境。在起飞和降落过程中,结构的工作环境主要是指各种外载荷作用下的力学环境,其中外载荷包括惯性载荷、气动载荷、热载荷和疲劳载荷等。在不同飞行状态中,飞机结构都需要满足各种复杂环境的要求。

(3) 飞机结构的协调关系。所设计的飞机结构必须保证飞机机体与机翼、尾翼、起落架等部件在空间与尺寸等方面能够合理匹配,并满足对结构的协调性要求。

(4) 飞机结构的生产条件。生产条件是指飞机的产量和生产的加工能力、装配能力等。飞机设计者首先需要了解生产装备、装配装备、工艺人员和工人的技术水平等,然后在该基础上确定飞机结构的初始方案及其加工工艺等内容。

1.4 飞机结构设计的主要方法

1.4.1 飞机结构设计方法的发展

随着航空科技的发展,民用飞机的安全性和经济性,军用飞机的作战性能、生存力和生产成本等新要求,促使飞机设计方法不断地发展,也对飞机结构设计提出了更高的要求。下面以飞机结构强度设计为例来说明飞机结构设计思想的具体演变过程,如图 1.3 所示。

飞机结构设计思想的发展过程大致可划分为四个阶段:

1. 静强度和刚度设计阶段

在 20 世纪 40 年代,飞机结构设计主要依赖于静强度和刚度。在静强度设计中,当结构材料的极限载荷大于或等于结构的设计载荷时,即认为结构是安全的,对应的静强度设计准则为

$$P_d = f P_e \leqslant P_u \tag{1.1}$$

式中,P_d 为设计载荷;P_e 为使用载荷;P_u 为极限载荷;f 为安全系数。

由于外载荷计算、分析方法及材料特性等因素会造成一定的误差,所以在设计过

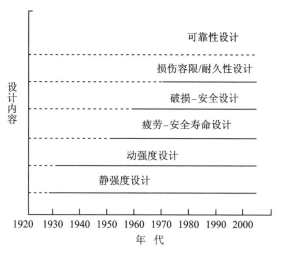

图 1.3　飞机结构设计思想的演变

程中安全系数通常大于 1,以保证结构的承载能力。基于此,静强度设计准则可描述为元构件极限应力大于或等于设计应力,表达式为

$$\sigma_{\mathrm{d}} \leqslant [\sigma] \tag{1.2}$$

式中,σ_{d} 为载荷引起的应力;$[\sigma]$ 为极限应力。随着飞机材料的强度不断提升,结构的受压稳定性强度远低于受拉强度,这就要求飞机结构在使用载荷作用下不允许失稳,对应表达式为

$$\sigma_{\mathrm{u}} \leqslant [\sigma]_{\mathrm{cr}} \tag{1.3}$$

式中,$[\sigma]_{\mathrm{cr}}$ 是受压时抗压临界应力,σ_{u} 是受压极限应力。

当飞机的飞行速度越来越高时,飞机机翼通常采用阻力系数较小的薄翼型,这就容易产生气动弹性问题。气动弹性问题是由飞机在飞行时载荷作用下的变形和弹性引起的,飞机结构在变形过程中会出现结构振动,这种振动在一定条件下会导致结构失去动稳定性,这种在气动力、弹性力和惯性力共同作用下出现的现象称为气动弹性现象,也称为飞机颤振或抖振等。因此,飞机结构设计不仅要考虑静强度和刚度,还需避免产生气动弹性现象,即避免结构在共振点附近产生过大变形,对应的设计准则为最大飞行速度 $v_{\max}$ 不大于气动弹性设计速度 v_{d}。其中,气动弹性设计速度表达式为

$$v_{\mathrm{d}} = \max(f_{\mathrm{f}} v_{\mathrm{f}}, f_{\mathrm{s}} v_{\mathrm{s}}, f_{\mathrm{a}} v_{\mathrm{a}}) \tag{1.4}$$

式中,v_{f} 为震颤速度;f_{f} 为颤振速度对应的安全系数;v_{s} 为翼面发射速度;f_{s} 为翼面发散速度对应的安全系数;v_{a} 为副翼失效速度;f_{a} 为副翼失效速度对应的安全系数。

2. 强度、刚度和疲劳安全寿命设计阶段

随着飞机使用寿命的延长,飞机结构在使用中虽然有足够的静强度,但依然发生了较多的事故。据统计,从 1948 年到 1965 年期间,仅英、美两国就陆续发生了 20 余

次因疲劳强度不够而造成的重大事故。如美国 F - 89"蝎"式歼击机因机翼接头疲劳破坏而连续发生事故;英国喷气式旅客机"彗星-Ⅰ"连续两次在航线上爆炸坠毁。这些事故的主要原因是飞机结构的疲劳破坏问题。

由于飞机使用寿命的大幅度延长,如运输机由最初的 2 000 飞行小时提高到 30 000~60 000 飞行小时,飞机结构疲劳破坏的可能性也随之增加。因此,飞机结构除了静强度和刚度设计以外,还需增加抗疲劳的安全寿命设计。安全寿命设计是通过对疲劳关键部位进行合理的选材,开展抗疲劳结构细节设计,使结构在谱载荷作用下,保证飞机在安全使用寿命期内破坏概率最小。20 世纪 60 年代,美国空军强度与刚度规范 MIL - A - 8866 明确了疲劳设计原则,即"安全寿命"设计原则,其设计准则如下:

$$N_e \leqslant N_{sa} = \begin{cases} \dfrac{N_{ca}}{f_{ca}} \\[2mm] \dfrac{N_{ex}}{f_{ex}} \end{cases} \tag{1.5}$$

式中,N_e 为使用寿命;N_{sa} 为安全寿命;N_{ca} 为计算寿命;f_{ca} 为计算分散系数,一般取 $f_{ca} = 6$;N_{ex} 为试验寿命;f_{ex} 为实验分散系数,一般取 $f_{ex} = 4$。

在式(1.5)中,通过引入分散系数参数来设计飞机疲劳设计中的安全寿命。安全寿命设计思想从 20 世纪 50 年代起延续至今,已积累了丰富的设计经验。但后续飞机结构的安全寿命设计并不能保证在使用寿命期内不出现结构裂纹,如美国海军 104 架 F/A - 18"大黄蜂"舰载战斗机在使用寿命期内由于出现裂纹而停飞,这又促使飞机结构有了损伤容限和可靠性的设计。

3. 强度、刚度、损伤容限和耐久性设计阶段

随着新材料的发展,现代飞机采用了很多高强度材料,但由于疲劳载荷的作用,高强度材料在应力集中处容易发生微小裂纹,在加工和使用过程中会产生初始缺陷和损伤。在飞机结构安全寿命的设计范围内,这些初始缺陷、损伤、微小裂纹在飞机使用中有可能会导致结构发生破坏。在 1969 年,美国空军调查了 12 个机种,发现飞机在半年内共出现 3 万多条裂纹,于是美国空军在 1971 年提出了安全寿命/破损安全设计作为过渡性设计,后续提出了损伤容限的设计概念。

1974—1975 年,美国颁布了第一部损伤容限设计规范,目的是使飞机结构在存在裂纹或损伤时仍能承受破损安全载荷。在该规范中,首先假设飞机结构在使用前就带有初始缺陷,但要求这些缺陷在规定使用期内在一定的范围内增长,满足规定的剩余强度要求,保证飞机结构的安全性和可靠性。在飞机损伤容限设计中,损伤结构类型可分为:

(1)缓慢裂纹扩展结构。该类型缺陷或裂纹要求在未修理的使用周期内扩展缓慢,以保证结构剩余强度高于规定下限,且裂纹长度小于发生不稳定的临界裂纹长度。该结构是通过使用周期内裂纹的缓慢扩展来保证安全的,通常出现在不可检测

处的飞机结构上。

（2）破损安全结构。飞机结构的破损安全是指结构元件破损后,利用其残余结构尚能承受一定的载荷而不出现瞬时结构破坏。该类型破损或损伤需要及时检查并加以维修或更换,这就涉及到飞机结构维修性和经济性的问题。所以,现代飞机结构设计中提出了耐久性设计,即飞机结构在使用寿命期内结构功能可靠,并具有最经济的维修性能。

在我国,飞机结构设计也经历了上述类似的设计演变过程。在 20 世纪 90 年代,民机和军机航空工作者也制定了一系列疲劳设计、损伤容限设计和耐久性设计规范和设计手册,如《中国民用航空规章第 25 部——运输类飞机适航标准》《中国民用航空规章第 23 部——正常类、实用类、特技类和通勤类飞机适航标准》《军用飞机强度和刚度规范》《军用飞机结构完整性大纲——飞机要求》和《军用飞机损伤容限要求》等。目前,根据我国的具体情况,在飞机结构耐久性设计方面还在进一步探索和完善,以进一步融合结构静强度、动强度、刚度、疲劳寿命、损伤容限和经济性等方面的设计要求。

4. 结构可靠性设计阶段

在飞机结构强度设计中,存在多种非确定性因素,如载荷、环境和材料性能等,而这些参数通常服从一定的分布规律。在传统结构设计中,通常采用安全系数来消除这些不确定因素的影响,但安全系数的选择需要设计人员有丰富的设计经验。为了保证飞机结构的安全,安全系数往往选得较大,这使得结构较重,与基本设计要求相违背。鉴于此,研究人员提出了飞机结构可靠性的设计方法。

可靠性设计是将结构载荷、材料性能、环境等因素作为服从一定分布规律的统计量,定量计算出结构的可靠度的设计过程。飞机结构可靠性设计以随机变量为基础,以概率论和数理统计为工具,利用可靠性原理与方法进行安全性分析,常用方法包括概率设计法、可靠性安全系数法、失效树分析和失效模式等。

总体上,在 20 世纪三四十年代,飞机结构设计主要是静强度设计和动强度设计,后续逐渐出现了抗疲劳寿命设计、破损安全设计、耐久性设计和损伤容限设计等内容,目前飞机结构设计已发展到完整性设计。结构完整性是指关系到飞机结构安全使用、维修费用和功能的强度、刚度、损伤容限及耐久性等所要求结构特性的总称。飞机结构设计应保证结构在各种规定的载荷条件下具有足够的强度,不产生不允许的残余变形;具有足够的刚度,避免出现不允许的气动弹性问题与振动问题;具有足够的寿命和损伤容限以及高的可靠性。在上述条件均满足的前提下,结构质量要尽可能轻。

1.4.2 飞机结构的数字化设计

近年来,数字化设计技术在飞机结构设计和分析中已得到成功应用。例如,波音公司 B777 型飞机的研制全面采用了数字化设计技术,飞机设计、装机、测试均是在计算机上模拟完成,初步做到无图纸设计,使得客机研制周期缩短了50%,出错返工率减少75%,成本降低25%。目前,飞机结构的零部件图纸全部由三维实体建模生成,飞机设计已经发展成全机数字化设计。

随着计算机辅助设计(CAD)和计算机辅助分析(CAE)技术的发展,飞机结构设计人员利用先进的实体建模软件对零部件产品进行三维设计,然后基于该数字模型进行工程分析与仿真、部件的模拟装配、总体布置、管路敷设、运动模拟、干涉检查、数控加工编程及模拟等设计,这就是结构的数字化设计。

飞机结构的数字化设计是在 CAD、CAM 和 CAE 等辅助设计、DFA 装配设计和 CFM 制造设计等技术基础上发展的,利用虚拟样机代替实物样机对产品进行创新设计、测试和评估,缩短研制周期、降低成本。通过全面采用数字化产品定义、数字化预装配、产品并行工程和虚拟制造等技术,使飞机总体设计、气动设计、结构设计、工艺设计等并行设计成为可能,提高了设计效率,从根本上改变了飞机传统的设计方式,大幅度提高了设计水平。

从 20 世纪 90 年代中期开始,我国的数字设计技术得到了极大的发展,计算机辅助设计、分析与制造软件得到广泛应用。目前,飞机结构的数字化设计制造技术体系正在逐步形成,在产品数字化定义、虚拟装配、数字化样机、结构设计与分析、并行工程等多方面取得了很大的进步,数字化设计技术在飞机研制缩短周期、降低成本和提高效率等方面发挥了越来越重要的作用。

1.4.3 飞机结构的优化设计

在飞机设计中,结构设计师尽可能使飞机结构质量轻、强度刚度足够大,满足气动弹性要求,还要使制造成本低、耐久性好等。在早期,由于缺少强大的结构分析工具及优化设计的方法等,飞机结构的优化设计主要依靠积累的设计经验,缺乏系统的优化设计。随着计算机的发展及优化设计理论的完善,目前已经开发了很多飞机结构的优化设计程序,如 NASTRAN、YDOYU 和 COMPASS 等。

在优化设计中,首先要确定优化目标(或目标函数,如结构件质量等),然后根据设计条件确定预定参数(优化过程中不能改变的参数)和设计参数(优化过程中可调整的参数),最后按照优化设计的具体方法进行目标优化。在飞机结构的优化设计中,常见的设计变量有尺寸变量、几何变量、拓扑变量及材料变量等。尺寸变量主要指杆或缘条横截面面积及板厚度等;几何变量是指某些节点间的距离及描述形状的参数;拓扑变量是指结构类型及节点间连接关系等;材料变量主要是指弹性模量、比刚度和比强度等参数。现代飞机结构的优化设计方法主要包括数学规划法与优化准则法两大类。数学规划法是将结构优化设计问题转换为非线性规划问题,利用数学规划方法求解最优解。优化准则法是从力学原理建立设计准则,并通过迭代这些准则来修改设计,直到收敛到最优值。如果迭代发散,则重新设计结构准则。

在传统优化设计中,通常单独考虑各学科参数对飞机结构的影响,很少考虑各子系统的相互作用。例如,气动设计时通常通过质量控制来对结构进行优化,而结构设计时气动外形是固定的,这两个学科的设计过程被顺序执行。与气动和结构组合优化设计相比,前者得到的结果远达不到最佳优化效果。事实上,飞机结构的优化设计涉及气动、结构和控制等多个学科,如气动弹性现象是气动与结构相互耦合的结果,而优化设计的结果取决于各个学科的综合作用,这也是多学科设计优化(MDO)问题。多学科设计优化方法已被广泛应用于飞机系统的初步设计中,通过整合各个学科的知识,分析各个学科之间的耦合关系及其所产生的协同效应,获得系统的整体最优解。在多学科优化过程中,通过设计优化策略来管理设计过程,通过实现并行设计来缩短设计周期。

1.5 飞机结构分析的任务

1.5.1 飞机结构所承受的外载荷

飞机结构所承受的外载荷是指飞机在起飞、飞行、着陆和地面滑行等过程中结构所承受的外力。飞机结构所承受的载荷大小与飞机类型、飞行状态和飞行环境等均有直接关系,对不同状态下的载荷分析也是计算结构强度和刚度的重要依据。总的来说,飞机结构承受的外载荷主要包括以下形式:

(1)正常飞行状态下,空气气流对飞机产生的气动载荷,沿速度方向可分解为气动升力、气动阻力和气动侧向力等。

(2)与飞机结构零部件质量有关的质量力,根据分布情况,质量力可分为分布质量力和集中质量力,飞机发动机等均属于集中载荷。

(3)飞机在地面滑跑、起飞、着陆等过程中的地面支反力。

(4)飞行过程中,由于高速飞行气动加热或太阳辐射导致的飞机结构温度分布不均匀,从而引起的热载荷。

(5)飞行过程中,鸟类或其他外来物引起的冲击载荷等。

在载荷分析过程中,可根据实际工况对结构承受的载荷进行分类。按照载荷是否随时间变化可分为静载荷和动载荷;按照载荷的分布形式可分为集中载荷和分布载荷;按照作用位置的不同可分为集中载荷、线分布载荷、面分布载荷和体分布载荷。

1.5.2 飞机结构的分析过程

飞机结构设计是指在原始条件的基础上,按照结构设计的基本要求提出合理的设计方案,完成强度、刚度和稳定性计算和必要的试验,将设计方案转化为结构图纸和相应的技术文件的过程。飞机结构分析的目的是了解飞机结构在外载荷、位移约束以及不同工作环境下的变形和应力状态,以检验结构是否满足要求。通过对结构进行分析,进一步获知各设计参数对结构应力、应变、位移等的影响,从而能在以后的设计中主动调节各种参数,以有效地达到预期的优化目标。

　　飞机结构力学的分析过程首先根据实际的飞机结构,建立对应的力学模型,然后结合外载荷和边界条件等约束,对力学模型进行力学分析,进而将结构分析的结果应用于设计过程中。飞机结构分析是飞机结构学的核心内容,也是飞机结构设计的理论依据。在飞机结构分析中,理想结构应该能满足全部有关的设计准则而质量最轻。基本设计准则主要包括:1)强度:飞机结构具有能够承受一定的载荷并且不发生破坏的能力;2)刚度:飞机结构具有以限定的变形抵抗载荷的能力;3)稳定性:飞机结构在载荷作用下具有维持一定平衡形状的能力。

　　一般情况下,结构的主要功能在于支撑和传递外载荷到反作用力点。但是,对于在空中飞行的飞机的结构系统,本身可看作是自平衡系统,飞机结构是整个飞机的主体骨架,除了支撑和传递外载荷之外,还将动力系统、控制系统、能源系统和有效载荷等分系统连接为一整体。所以,建立飞机结构力学模型时,首先要根据实际情况进行研究对象的选取,然后对力学模型进行适当的抽象与简化,最后将对应的力学分析结果应用于结构设计中。

1.6　飞机结构分析的主要方法

1.6.1　飞机结构力学的任务

　　飞机结构力学主要研究飞机结构在外载荷作用下的变形和传力情况,研究内容属于结构力学范畴。结构力学是在材料力学的基础上,研究工程实际中的整体结构变形和受力规律,需要解决实际结构工程中的力学问题。在不同的工程领域内,不同类型的结构有着不同的理论假设和力学模型,对应着不同的研究思路和方法,如梁、板、壳及薄壁板杆等结构。

　　飞机结构力学作为结构力学重要的应用方向,主要研究飞机结构所承受外载荷的传递及其作用影响。在外载荷作用下,飞机结构自身构成了一个平衡力系,通过不同零部件传递力和力矩等,实现不同零部件的受力平衡。由于飞机结构的零部件众多,结构本身复杂,外载荷在结构中的传力路径并非单一的,不同的传力路径对应各零部件的受力情况也是不同的,这就涉及到结构强度、刚度和稳定性等受力问题。因此,为了使飞机结构满足设计要求,就有必要研究结构力学的基本规律,掌握飞机结构分析的基本原理和计算方法。通常情况下,根据飞机结构的传力规律,寻求满足结构设计要求的最优传力路径,力的传递越直接,传力路线就越短,结构的质量就会越轻。

1.6.2　飞机结构分析的主要依据

　　在实际工程中,飞机结构元件的受力及其传力过程非常复杂,根据已有结构分析理论和方法,对承受载荷的结构进行分析将非常困难。所以,在构建飞机结构力学的分析模型时,有必要通过简化或忽略次要的影响因素,重点研究起主要作用的影响因素,但要保留与原结构相同的受力和传力结构。根据结构分析要求,首先要对实际结构的元件在受力和传力过程中的作用、结构及其元件的几何形状和尺寸以及它们的材料特性等做出假设,然后建立结构力学模型,力求模型简单,分析切实可行。

飞机结构分析过程建模的准则主要包括:

(1)力学结构模型与实际结构在受力和传力路线等方面要尽可能一致;

(2)载荷要根据结构分析目的不同而进行适当简化,分析对结构影响较大的载荷;

(3)力学模型应尽可能简单,并能够利用现有的分析手段和方法进行求解;

(4)所建立的结构模型可以通过实验进行校验,并能根据实验结果进行修正。

总的来说,飞机结构模型的简化主要从受力传递关系、外载荷、分析手段和实验修正等方面考虑。根据飞机典型结构和所承受载荷的特点,飞机结构力学中采用的主要计算模型有杆系结构模型、板杆结构模型、薄壁结构模型和板壳结构模型等,这些结构均为可变形的固体,同样满足了力学分析的三个基本规律:

(1)平衡条件:对任何结构的零部件,所有的作用力保持平衡。

(2)连续性假设:飞机结构的变形体是连续的,即物体变形后既不断开也不重叠。

(3)应力应变关系:飞机结构的应力和应变之间存在着一定的关系,与材料特性有关。

1.6.3 飞机结构的有限元分析

1. 有限元法概述

在飞机结构分析中,结构的应力和变形分析十分重要,是分析结构承载能力、使用寿命、可靠性、优化设计和疲劳损伤容限设计的基础,也是修改设计和制定试验方案的依据。飞机结构的应力和变形分析需要有合适的模型和计算方法,求解精度越高,对应的计算模型和计算方法的准确度也就越高。

在 20 世纪 60 年代,随着高性能计算机的出现和有限元法的发展,基于有限元法的有限元分析软件为结构分析采用更合理的计算模型和更精确的计算方法提供了基础。目前,有限元法已经广泛应用于航空航天、船舶、汽车、建筑、桥梁等领域中。有限元法(Finite Element Method,FEM),也称有限单元方法,是解决工程和物理方程的一种数值计算方法。发展至今,有限元法已经从结构的分析和校核等扩展到优化设计中,其应用场景也从弹性力学平面问题扩展到空间问题,由静力学问题扩展到稳定性、动力学问题,分析对象也从弹性材料扩展到塑性、黏弹性、黏塑性和复合材料。在飞机结构分析中,有限元法使结构设计从定性和定量设计逐步发展到高精度的定量设计和优化设计。

2. 有限元法的求解流程

有限元法是求解飞机复杂结构的一种近似数值分析方法,其基本概念是将任意复杂形状、连续结构体离散为有限个、形状简单的子区域;通过结构离散化,把求解结构应力和位移等问题简化为求解有限个单元节点上的应力和位移等问题,即将原结构的微分方程组离散为一个代数方程组,利用位移、应力、应变的近似数值解来等效精确解。通过求解出所有节点的未知量,利用插值函数计算出各单元内求解量的近似值,进而得到整个结构的近似解。解的精确程度取决于所采用的单元模型、数量及插值函数的精度。

依据飞机结构零部件的具体特点,在采用有限元法分析计算时,可以采用以下类型的单元模型:

(1) 一维梁单元,单元内任意点的应力和变形由沿轴线的坐标确定;

(2) 二维平面板单元,有三角形板单元和矩形板单元等,单元内任意点的应力和变形由 x、y 两个坐标确定;

(3) 三维面体单元,可分为四面体单元和六面体单元等;

(4) 板单元及薄壳单元等。

有限元法的关键是将实际结构的力学问题合理地转化为一种能用有限元法求解的力学模型。建立飞机结构的有限元模型需要分析结构布局、支承条件和受力特点,抓住结构的力学特征,确定载荷的性质,简化边界条件。总体上,飞机结构的有限元法分析步骤可概括如下:

步骤1:将结构离散为单元并选择单元类型。针对飞机实际结构的零部件及其载荷特点,采用适当单元类型对结构进行离散化,确定单元类型、数量和分布形式。该过程也被称为结构的网格划分,网格划分越密,对应的计算精度就越高。通常情况下,对于应力变化较大的区域,如集中载荷作用点和结构不连续的区域,网格分布要密;在应力变化较小或应力水平较低的区域,网格可以稀疏一些,以减小计算量。

步骤2:分析单元节点上作用力与节点位移、应变和应力的关系。根据单元类型的特点,取一个离散单元进行受力分析,建立单元的位移函数,该位移函数通常利用单元节点值进行多项式插值得到,使用离散模型来近似模拟连续量。

步骤3:列出每个单元的刚度方程。根据单元节点的位移函数,采用直接平衡法、功或能量法、加权残值法等方法推导出单元的节点位移和节点外力之间关系的动力学方程,也称为刚度方程。

步骤4:建立总体刚度矩阵方程。将单个单元节点的刚度方程进行组合,形成结构的总体刚度矩阵,代入相应的边界条件,建立整个结构的节点位移与节点载荷的总刚度矩阵方程,方程形式为

$$\{F\} = K\{\delta\} \tag{1.6}$$

式中,$\{F\}$ 为节点处的外载荷矩阵;$\{\delta\}$ 为结构离散后节点处的位移矩阵;K 为结构的总刚度矩阵。

步骤5:求解各单元节点的位移。根据方程(1.6),求解刚度矩阵的逆矩阵,然后数值求解全部节点的位移,如方程(1.7)所示:

$$\{\pmb{\delta}\} = \pmb{K}^{-1}\{\pmb{F}\} \tag{1.7}$$

步骤 6:单元应变和应力的分析。根据方程(1.7)求解得到的位移值,利用结构材料的应力和应变本构关系,求解单元节点的应变及应力的近似解;最后根据各单元节点信息,求出各结构单元内的应力和应变,并将求解结果应用于结构设计与分析过程中。

有限单元法的分析步骤可用框图 1.4 表示。

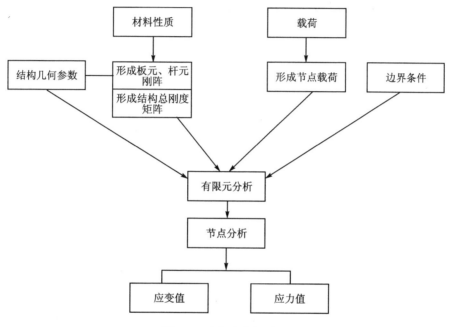

图 1.4　有限元分析过程

目前,有限元法在飞机结构设计中得到了广泛的应用。一般情况下,将飞机结构分解为多个子结构,每个子结构又离散化成若干个单元。根据结构的受力特点,将各子结构单元简化为对应的单元类型,如蒙皮及梁、框、肋的腹板可被离散为受剪板或平面应力板;长桁、梁与肋的缘条被离散为杆元等。现阶段已经出现了大量的有限元软件,如 ANSYS、ADINA、MSC /NASTRAN、ASKA、SAP 和 PDA/PATRAN - G 等,这些软件都带有专用的前处理网格划分程序和后处理应力、应变和变形等程序。除了大型通用软件外,各研究单位还开发出了许多小型专用的有限元软件,处理专门的工程问题,并具有更高的计算精度。

1.7　本书的基本安排

全书共分为 8 章。第 1 章绪论,重点介绍飞机结构设计与结构分析的基本内容;第 2 章飞机结构的载荷,重点介绍飞机在飞行状态下的气动载荷;第 3 章飞机结构的设计基础,介绍飞机基本结构件及其力学特性;第4章飞机结构部件的设计,介绍了飞机的主要部件结构,包括机翼、机身、尾翼、操纵面和起落架;第5章飞机结构分析的力学基础,阐述飞机结构分析的基本理论,介绍结构分析所需要的理论力学和弹性力学基础;第6章飞机杆件结构分析,重点介绍桁架、刚架和板杆结构分析的力法和位移法;第7章飞机薄壁结构的梁理论分析,重点介绍采用工程梁理论分析薄壁结构正应力和剪应力的方法,简要介绍限制弯曲和限制扭转;第8章飞机薄板结构的分析,重点介绍硬板的弯曲理论和薄壁板的稳定性。

第 2 章　飞机结构的载荷

载荷分析是飞机结构设计与分析的基础。在飞机起飞、正常飞行和着陆过程中，飞机主要承受机翼和机身的气动载荷、尾翼传来的载荷、起落架载荷、发动机载荷和机身惯性载荷等。飞机各零部件承受外载荷的情况会随着飞行状态、零部件的型式和尺寸的变化而变化。为了使飞机结构在使用过程中安全可靠，设计人员必须在结构设计和分析之前明确外载荷的分布情况。

2.1　飞机载荷的工作环境

2.1.1　飞机飞行的大气环境

飞机飞行的大气环境主要是指飞机在大气层内所处的环境条件，即包围地球的大气层。描述大气层的物理性质的参数主要包括大气的温度、压强（压力）、密度、声速、黏性和压缩性等参数，这些参数对飞机飞行性能和飞行航迹有很大的影响，恶劣的天气条件会严重危及飞行安全。相比较而言，空气的压缩性和黏性对飞机结构载荷的影响程度较大。

空气的压缩性是指在压强或温度作用下，空气体积发生改变的特性。当飞机飞行速度较低（$Ma<0.3$）时，空气压强的变化不大，空气密度变化较小，空气的压缩性对飞机飞行性能影响很小。所以，在飞机低速飞行时认为空气是不可压缩的，而当飞机高速飞行时，就必须考虑空气的压缩性对飞行性能的影响。空气的黏性是空气自身相互黏滞的一种特性，对飞行的摩擦阻力有着直接影响。空气的黏性是空气内相邻两层之间的内摩擦力，温度越高，空气的黏性也越大。

当飞行速度较低时，大气的性质与理想气体差别较小，可近似按理想气体处理。对于理想气体，通常由气体的密度（ρ）、温度（T）和压强（P）来说明气体的状态，其状态方程为

$$P = \rho R T \qquad (2.1)$$

式中：P——压强，Pa；

ρ——密度，kg/m^3；

R——气体常数，空气为 287.05 J/(kg·K)；

T——温度，K。

当飞机飞行马赫数 $Ma>5$ 时，需要考虑真实气体的状态方程，不能按理想气体进行处理。由于大气的密度、温度、压强等参数会随地理位置、离地高度和季节等因

素的变化而变化,因此,同一架飞机在不同地理位置、离地高度或季节飞行时,其空气动力和飞行性能会随之变化。为了客观分析飞机的飞行性能,《国际航空界协议》人为地规定了国际标准大气,给出了大气温度、密度、压强等随高度变化的关系。该协议规定以地球中纬度地区大气参数的平均值作为标准,其主要特点如下:

(1) 国际标准以海平面作为高度起点,海平面上大气温度 T_0 为 15 ℃(288.15 K);压强 P_0 为 101 325.6 Pa,密度 ρ_0 为 1.225 kg/m^3;

(2) 以海平面为高度起点,当高度在 11 km 以下时,温度随高度的增加而直线下降,高度每增加 1 km,温度下降约 6.5 ℃;当高度在 11～20 km 范围内时,温度保持不变,为 −56.5 ℃;当高度在 20～32 km 范围内时,温度随高度的增加呈直线上升,每升高 1 km,温度上升约 1 ℃。

在大气环境中,其各种特性在铅垂方向上有着较为明显的差异。以大气中温度随高度的分布为依据,可将大气层划分为对流层、平流层、中间层、热层和散逸层五个层次。通常情况下,飞机飞行的环境是对流层和平流层,下面重点阐述这两个层次大气的物理性质。

对流层是最靠近地球表面的一层,集中了飞行中能遇到的各种天气现象,如雷暴、浓雾、低云幕、雨、雪、大气湍流、风切变等。在对流层,气温随高度增加而降低,空气对流运动极为明显,温度和湿度的水平分布不均匀,天气变化也最复杂,对飞行有非常重要的影响。按气流分布的特点,对流层可分为三个层次:

(1) 对流层下层(摩擦层):一般说来,摩擦层的范围自地面到 1～2 km 高度,气流受地面摩擦作用很大,风速随高度增加而增大,气温变化极为明显,昼夜温差可达 10～40 ℃。在复杂地形和恶劣天气等条件下,常出现剧烈的气流扰动,如突发下冲气流、低空风切变和浓雾等,对飞机的起飞和着陆造成安全威胁。为了确保飞行安全,机场规定了各类飞机的起降气象条件。

(2) 对流层中层:对流层中层上界高度约为 6 km,下界即为摩擦层的上界。这一层受地表的影响较小,大气中云和降水现象都在这一层内。一般轻型运输机、直升机等常在这一层中飞行。

(3) 对流层上层:该层范围从 6 km 高度伸展到对流层顶部,气温在 0 ℃ 以下,水汽含量少。在中纬度和副热带地区,该层常有高空急流(风速大于 30 m/s 的强风带),引发飞机的强烈颠簸,对飞机结构和飞行安全产生一定的威胁。

平流层位于对流层之上,上界可达 50～55 km。在平流层下部,气温不会随高度的增加而发生明显变化,也被称为同温层。但在 25～30 km 及以上,气温升高较快,最高可达 270～290 K。在平流层中,气流比较平缓,水汽和尘粒含量也较少,能见度较佳,非常适合飞行,但是因空气稀薄,飞机的稳定性和操纵性会恶化。目前,现代歼击机和侦察机都能在平流层中正常飞行。

2.1.2 低速空气动力学特性

所谓飞机低速飞行,是指速度小于 0.3 倍声速的飞行。低速空气动力学特性是指低速流动空气的压强、密度、温度及流管粗细同气流速度之间相互变化的关系。

1. 流场的基本概念

(1) 流体:流体可分为气体和液体,二者的不同点表现在体积的可压缩性上。通常情况下,液体体积的压缩性较小,认为不可压缩;气体是可以压缩的,但工程中当气体压力和温度变化不大(如低压等)或气流速度远小于声速(如速度小于 0.3 倍声速)时,可以忽略气体的压缩性,气体可认为是不可压缩的。当研究问题不涉及到压缩性时,所建立的流体力学规律既适合于气体也适合于液体。

(2) 流场:流场是指流体所占据的空间,描述流体的运动参数有速度、温度、压强、密度等。

(3) 定常流动与非定常流动:定常流动是指流场中流体的运动参数只随位置变化而与时间无关的流动;非定常流动是指流场中流体的运动参数随位置和时间的变化而变化的流动。定常流动与非定常流动的区别在于运动参数是否随时间变化。

(4) 流线与迹线:如图 2.1 所示,流线是指在流场中每一点上都与速度矢量相切的曲线,流线不能相交也不能折转;迹线是指流体质点在空间运动时所描绘的曲线。流线是指某一时刻的,而迹线是指某一质点的。定常流动时,由于流场中各点流速不随时间改变,所以同一点的流线始终保持不变,且流线与迹线重合;非定常流动时,由于流场中速度随时间改变,所以经过同一点的流线方向和形状是随时间改变的。

(5) 流管和流束:如图 2.2 所示,在流场中画一封闭曲线,经过该曲线上每一点作流线,由这些流线所围成的管状曲面称为流管。类似于刚体管壁,流管表面由流线围成,流体不能穿出或穿入流管表面。对于不稳定流动,流管形状随时间而改变;对于稳定流动,流管形状不随时间而改变,在流管内的流体被称为流束。

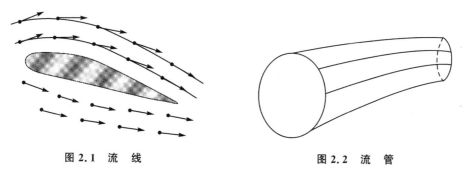

图 2.1 流 线　　　　　　　　　　图 2.2 流 管

2. 连续性方程

当流体低速稳定连续流动时,流管任一部分流体都不能中断或积聚,在同一时间内,流体从任何一个截面流进的质量等于其从另一个截面流出的质量,这就是连续性定理。在流体力学中,流体连续性方程实质上是质量守恒定律的一种具体表现。如图 2.3 所示,设截面 I 的面积为 A_1,气流速度为 v_1,空气密度为 ρ_1;截面 II 的面积为 A_2,气流速度为 v_2,空气的密度为 ρ_2,则单位时间内流进该截面的气体质量 m_1 为 $\rho_1 v_1 A_1$,流出该截面的气体质量 m_2 为 $\rho_2 v_2 A_2$。根据质量守恒,$m_1 = m_2$,即

$$\rho_1 v_1 A_1 = \rho_2 v_2 A_2 \tag{2.2}$$

由于截面 I 与截面 II 是任意选取的,所以单位时间内流过任意截面的质量是相等的,即 $\rho v A$ 为常数。其中,v 为流管截面上流体速度,A 为所取截面的面积。如果流体密度不变,则 vA 为常数,这表明流体流动速度和流管截面面积成反比关系。由此可知,截面积小的地方流速快,截面积大的地方则流速慢。管中流线的疏密程度可用来描述流体流动的快慢,流线密的地方流速快,反之亦然。连续性定理只适用于低速流动(流速小于 0.3 倍声速),不适用于亚声速和超声速流动。

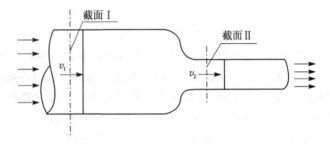

图 2.3　流体质量守恒原理示意图

3. 伯努利方程

伯努利方程是能量守恒定律在流体力学中的具体应用。如图 2.4 所示,当流体在管道中做定常流动时,任取两通流截面 1-1 和 2-2,假设两通流截面的中心到基准面之间的高度分别为 h_1 和 h_2,截面面积分别为 A_1 和 A_2,压强分别为 p_1 和 p_2。由于流体在通流截面上的流速是均匀的,设两通流截面上流体流速分别为 v_1 和 v_2,经过时间 Δt 后,1-2 段之间流体流动到 $1'-2'$ 位置,以该段流体为研究对象,分析该

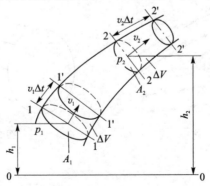

图 2.4　理想流体的一维流动

段液体在 Δt 时间前后能量的变化情况。

由于流体无粘性,所以流体流动过程中没有摩擦力。该段流体在端面两端均受到不同压力,对应的压力所做的功为

$$W = p_1 A_1 v_1 \Delta t - p_2 A_2 v_2 \Delta t$$

由流体连续性方程可知,$A_1 v_1 \Delta t = A_2 v_2 \Delta t = q \Delta t = \Delta V$,$\Delta V$ 为 $1 - 1'$ 或 $2 - 2'$ 微段流体的体积,所以外力所做的功为

$$W = (p_1 - p_2) \Delta V \tag{2.3}$$

由于定常流动,所以时间 Δt 前后流体的力学参数均未发生变化,流体能量保持不变,该段流体的质量可表示为

$$\Delta m = \rho_1 v_1 A_1 \Delta t = \rho_2 v_2 A_2 \Delta t = \rho q \Delta t = \rho \Delta V$$

所以,流动流体能量的变化只源于 $1 - 1'$ 和 $2 - 2'$ 两段流体的机械能变化,其中,两段流体的位能差 $\Delta E_{位}$ 和动能差 $\Delta E_{动}$ 分别为

$$\Delta E_{位} = \rho g q \Delta t (h_2 - h_1) = \rho g \Delta V (h_2 - h_1)$$

$$\Delta E_{动} = \frac{1}{2} \rho q \Delta t (v_2^2 - v_1^2) = \frac{1}{2} \rho \Delta V (v_2^2 - v_1^2)$$

根据能量守恒定律,外力对流体所做的功等于该流体能量的变化量,即

$$W = \Delta E_{位} + \Delta E_{动}$$

整理上式,求解单位体积流体的压力能、位能和动能,得到理想流体的伯努利方程为

$$p_1 + \rho g h_1 + \frac{1}{2} \rho v_1^2 = p_2 + \rho g h_2 + \frac{1}{2} \rho v_2^2 \tag{2.4}$$

式(2.4)表明做定常流动的流体在密闭管道中能量保持不变,但压力能、位能和动能三种形式的能量在流动过程中可互相转化。对于空气流动,其质量可忽略不计,则式(2.4)可简化为

$$p_1 + \frac{1}{2} \rho v_1^2 = p_2 + \frac{1}{2} \rho v_2^2 = p_0 \tag{2.5}$$

从式(2.5)可知,在低速定常流动时,流场中的任一点气体的静压与动压之和等于总压。伯努利定理只适用于低速,并要求流场中气体不与外界发生能量交换,流速低的地方压强大,流速高的地方压强小。由连续性方程和伯努利方程可知,对于低速定常流动的气体,当流过截面积大的地方时,速度小,压强大;反之速度大,压强小。这一结论可以用来解释低速飞行机翼产生空气动力的原因。

2.1.3　高速空气动力学特性

在飞机设计中,高速飞机和低速飞机在外形设计方面有着明显的区别。一般情况下,高速飞机有较薄的翼型和较小的展弦比,这与高速飞行时气流的流动规律密切相关。随着飞机飞行速度的提高,飞机周围气流从低速气流逐渐转变为高速气流,气

流特性也会发生本质的区别,其根本原因在于空气的压缩性。

在飞行过程中,空气流过机翼各处的速度和压力发生了改变,这会引起空气密度的变化。表 2-1 列出了在标准大气条件下空气密度随飞行速度变化的关系。空气密度变化可以用空气密度变化的百分比 $\Delta\rho/\rho$ 来表示,$\Delta\rho$ 是空气密度变化量,ρ 是空气的初始密度。由表 2-1 可知,当飞行速度低于 400 km/h 时,空气密度变化是微小的,可忽略不计;但飞机高速飞行时,空气密度的变化很大,必须考虑空气压缩性的影响,如可使压力突然升高的激波、弱扰动的传播和高速气流中压力和流速变化等。

表 2-1　空气密度随飞行速度变化的关系

飞行速度/(km·h^{-1})	200	400	600	800	1 000	1 200
空气密度增加的百分比/%	1.3	5.3	12.2	22.3	45.8	56.6

在高速飞行时,空气压缩性会随着飞行速度的增加发生明显的变化。当流速增高时,压力降低,必然引起体积膨胀,从而使密度减小;反之,在流速降低、压力升高的同时,空气受压缩,体积缩小,密度增加。另外,当空气体积膨胀时,会使温度降低;当空气受压缩时,温度会升高。总体上,当空气流速改变时,不仅引起压力的变化,而且密度和温度也有明显的变化,这必然对飞机的气动载荷有影响。因此,有必要了解高速飞机空气动力学的相关内容。

1. 弱扰动与马赫数

在流场分析中,扰动是指任一点的流动参数与远方自由来流对应流动参数之差。设流场中某点的密度、压强和速度分别为 ρ、p、v,远方自由来流的密度、压强和速度分别为 ρ_∞、p_∞、v_∞,因此流场上该点的流动参数可表示为

$$\rho = \rho_\infty + \Delta\rho, \quad p = p_\infty + \Delta p, \quad v = v_\infty + \Delta v \tag{2.6}$$

式中,$\Delta\rho$,Δp,Δv 分别称为该点对流场的扰动密度、扰动压强和扰动速度。

当 $\Delta\rho$,Δp 和 Δv 值很小时,即 $\Delta\rho \to 0$,$\Delta p \to 0$,$\Delta v \to 0$ 时,这种流场扰动称为弱扰动;反之,称为强扰动。在空中飞行时,飞机对周围的空气产生作用,使空气的速度、密度和压强等气流参数发生变化,即飞机对空气产生了扰动。由于空气的可压缩性,飞机产生的扰动通过空气一层层向四面八方传播,但这种扰动引起空气压强的变化很微弱,是一种弱扰动。这种扰动在空气中传播有一定的传播速度,该速度被定义为声速,表达式为

$$v_a = \sqrt{\frac{\mathrm{d}p}{\mathrm{d}\rho}} \tag{2.7}$$

由式(2.7)可知,声速 v_a 取决于 $\mathrm{d}p/\mathrm{d}\rho$,即改变单位密度气体所需的压力。声速 v_a 是气体压缩性的指标之一,声速 v_a 越小,说明气体的压缩性越大;反之声速 v_a 越大,说明气体的压缩性越小。飞机飞行流场中,飞行速度与当地声速之比定义为马赫数 Ma,即

$$Ma = \frac{v}{v_a} \qquad\qquad (2.8)$$

式中，v 为飞行速度；v_a 为当地声速。Ma 可用来衡量飞机周围扰动的传播情况，还可以描述空气密度或压缩性的变化情况。Ma 越大，对空气密度和压缩性的影响也就越大。当飞行 $Ma < 0.3$ 时，称为低速飞行；当 $Ma < 1$ 时，称为亚声速；当 Ma 为 $0.7 \sim 0.9$ 时，称为高亚声速；Ma 在 1 附近时，称为跨声速；当 $Ma > 1$ 时，称为超声速。

飞机在某一高度飞行时，若飞行速度较低，机翼压力分布和气动特性只与迎角相关；若飞行速度较高，机翼压力分布和气动特性不仅与迎角有关，还与飞行 Ma 数相关。当马赫数不同时，空气密度变化情况不同，机翼表面各点扰动传播情况也就不相同。可见 Ma 数是研究飞机高速飞行性能的一个重要参数。

2. 弱扰动的传播

在飞行过程中，飞机和气流接触的每一个点都是一个扰动源。根据扰动源运动的速度，从四个情形研究弱扰动的传播情况。

（1）扰动源静止（$v = 0$）：如图 2.5 所示，当扰动源静止不变时，引起的扰动在 1 s 后到达波面半径为 a 的球面；2 s 后，扰动到达波面半径为 $2a$ 的球面；依次类推。

（2）扰动源以亚声速运动（$v < v_a$）：扰动源以亚声速运动时扰动的传播情况如图 2.6 所示。在图 2.6 中，当扰动源运动速度为 $0.5v_a$ 时，扰动源 O 在 1 s 时在 O_1 位置，它在 O_1 处引起的扰动，1 s 后传到半径为 a 的球面，而扰动源向前移动了 $0.5a$ 距离，到达 O 处；相类似的，前 2 s 时扰动源在 O_2 的位置，它在 O_2 处引起的扰动，2 s 后传到半径为 $2a$ 的球面，而扰动源已向前移动了距离 a，到达 O 点位置；以此类推。总体上，当扰动源运动速度低于声速时，扰动总是可以传到扰动源前面位置。

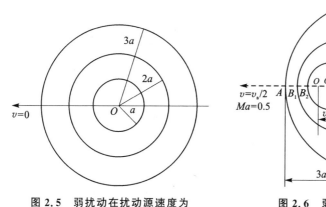

图 2.5　弱扰动在扰动源速度为　　　图 2.6　弱扰动在扰动源速度
　　　　零情况下的传播　　　　　　　　　小于声速情况下的传播

（3）扰动源以等声速运动（$v = v_a$）：当扰动源以等声速运动时，扰动的传播情况如图 2.7 所示。由图可知，扰动向前传播的速度正好与扰动源运动速度一样，各个受扰动的球面都在 O 点相切，扰动无法传到扰动源前面。即扰动源引起的扰动不可能

对 O 点前面的空气压力、密度产生影响,只能影响扰动源后面的空气。

　　(4)扰动源以超声速运动($v > v_a$):当扰动源速度高于声速时,扰动传播的情况如图 2.8 所示。当扰动源运动速度 v 为 $2v_a$ 时,扰动源在 3 s 前在 O 位置,它在 O 处引起的扰动,3 s 后传到半径为 $3a$ 的球面,而扰动源向前移动了 $2a$ 距离,到达 O_1 处;以此类推。扰动是在以 O 点为顶点的圆锥范围内传播的,所有受扰动的球面均相切于该圆锥,该扰动锥也被称为马赫锥。马赫锥半锥顶角 μ 为马赫角,大小为 $\arcsin \dfrac{1}{Ma}$,Ma 值越大,μ 值越小,马赫锥越尖。总体上,当扰动源以超声速运动时,它只能对马赫锥内的空气压力和密度等产生影响。

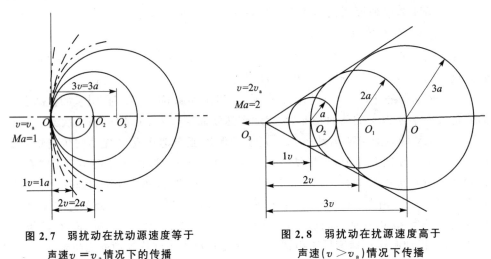

图 2.7　弱扰动在扰动源速度等于　　　　　图 2.8　弱扰动在扰源速度高于

声速 $v = v_a$ 情况下的传播　　　　　声速($v > v_a$)情况下传播

2.2　飞机结构的气动载荷

2.2.1　机翼的外形参数

　　飞机在空中飞行时,由机翼产生的气动载荷与机翼外形参数直接相关。机翼外形参数主要包括翼型形状、平面形状和前视形状。

　　1. 机翼翼型形状

　　如图 2.9 所示,机翼的翼型是指平行于机翼对称面截得的剖面,描述翼剖面的参数有弦长、相对厚度、最大厚度位置和相对弯度等。

　　(1)弦长:连接翼型前缘和后缘之间直线段的长度,用符号 b 表示。

　　(2)相对厚度:翼型厚度指垂直于翼弦的翼型上下表面之间的长度。翼型的相对厚度 $\bar{c}$ 是指翼型最大厚度 c_{max} 与弦长 b 之比,现代飞机翼型相对厚度一般为 $3\% \sim 14\%$。

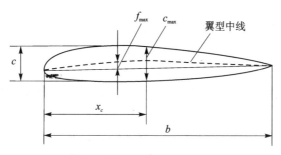

$c_{\max}$—翼剖面最大厚度；b—翼弦长度；f—弯度

图 2.9　翼剖面的特性参数

（3）最大厚度位置：翼型最大厚度距离前缘的长度 x_c 与弦长 b 之比为最大厚度位置。现代飞机的翼型最大厚度位置为 $30\%\sim50\%$。

（4）相对弯度：翼型厚度的中点连成翼型中线，然后由翼型中线与翼弦之间的垂直距离来定义翼型弯度 f；由最大弯度 $f_{\max}$ 与弦长 b 的比值定义相对弯度 $\bar{f}$。现代飞机翼型的相对弯度为 $0\%\sim2\%$。如果 $\bar{f}=0$，中线和翼弦重合，则翼型是对称的；翼型的相对弯度越大，翼型上、下表面外凸程度的差别也越大。

2. 机翼平面形状

如图 2.10 所示，机翼的平面形状是指从俯视飞机机翼得到的平面投影形状。低速飞机机翼的平面形状一般有矩形机翼、椭圆形机翼、梯形机翼，高速飞机的有后掠机翼和三角形机翼等。描述机翼平面形状的主要参数有机翼面积、翼展、展弦比、梯形比和后掠角等。

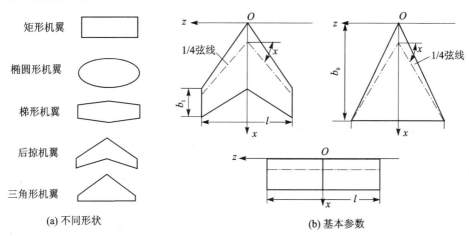

(a) 不同形状　　　　　　　　(b) 基本参数

图 2.10　机翼平面形状及其几何参数

（1）机翼面积：机翼平面形状的面积，用 S 表示。

（2）翼展：机翼两翼尖之间的距离，用 l 表示。

（3）展弦比：机翼翼展 l 与机翼平均几何弦长 b_{ave}（机翼面积 S 与翼展 l 之比）

之比:

$$\lambda = \frac{l}{b_{\text{ave}}} = \frac{l^2}{S} \tag{2.9}$$

(4) 根梢比:机翼翼根弦长(b_0)与翼尖弦长(b_1)之比,b_0/b_1。

(5) 后掠角:前缘后掠角(机翼前缘与机身轴线的垂线之间的夹角,一般用 χ_0 表示)、后缘后掠角(机翼后缘与机身轴线的垂线之间的夹角,一般用 χ_1 表示)及1/4弦线后掠角(机翼1/4弦线与机身轴线的垂线之间的夹角,一般用 $\chi_{0.25}$ 表示)。

3. 机翼前视形状

机翼的前视形状由机翼的上反角来描述,如图2.11所示。上反角 Ψ 是指垂直于飞机对称平面的直线与机翼翼弦平面之间的夹角,通常规定上反为正($\Psi > 0$),下反为负($\Psi < 0$)。

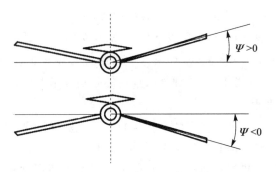

图2.11 上反角和下反角(1为立轴)

对机翼气动载荷影响较大的几何参数主要包括机翼面积、展弦比、梯形比、后掠角和相对厚度等。机翼参数对分析飞机结构的气动载荷以及空气动力特性至关重要。

2.2.2 机翼的升力和阻力

1. 机翼的升力和压差阻力

飞机飞行的迎角是指飞机翼弦相对来流之间的夹角,如图2.12所示。根据气流指向机翼方向的不同,迎角可分为正迎角、零迎角和负迎角。当气流指向下翼面时,迎角为正;当气流方向与翼弦重合时,迎角为零;当气流指向上翼面时,迎角为负。

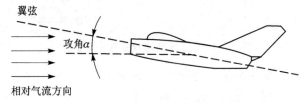

图2.12 飞机在飞行状态下的迎角

如图 2.13 所示,根据伯努利定理,当气流流过机翼时,由于机翼上表面凸些,流线变密,流管变细,气流速度增大,压强减小;机翼下表面平坦,流线变化不大,压强基本不变。这样机翼上下表面产生了压强差,形成了方向向后上方的总空气动力 R,合力 R 与翼弦的交点称为压力中心。将合力 R 分成与气流速度 v 垂直的升力 Y 和与流速 v 平行的阻力 X。该阻力是由机翼上下表面压强不等引起的,所以也被称为压差阻力。

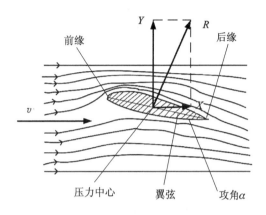

图 2.13　小迎角下翼剖面上的空气动力

如图 2.14 所示,机翼上下表面的压强分布与迎角有关,图中指向机翼外侧的箭头表示吸力(负压);指向机翼内侧的箭头表示压力(正压);箭头长短表示压力的大

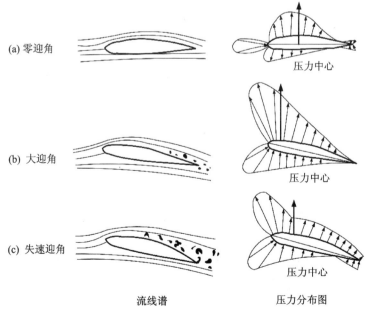

图 2.14　迎角对机翼压力分布的影响

小。在图 2.14 (a)中,当迎角为零时,上、下表面受到吸力,总的空气合力 R 不为零;随着迎角的增大,上表面吸力逐渐变大,下表面由吸力变为压力,合力 R 迅速上升;在一定迎角范围内,合力 R 是随着迎角 α 的增大而上升的;但当 α 增大到一定程度后,升力会迅速下降,这也被称为"失速",失速对应的迎角为失速迎角。

如图 2.15 所示,用升力系数 C_y 来研究迎角对升力的影响,关系式为

$$C_y = \frac{Y}{1/2\rho v^2 S} \tag{2.10}$$

在 C_y-α 曲线图上,曲线基本呈直线段;当升力系数 C_y 等于 0 时,迎角为负值;当升力系数 C_y 达到最大值后会迅速下降(失速状态)。

如图 2.16 所示,以机翼上任意一点 P 为参考点,规定使机翼抬头的力矩为正,则空气合力对 P 点的力矩为

$$M_{zP} = -Y_1(x_压 - x_P) \tag{2.11}$$

用力矩系数的形式表示为

$$m_{zP} = \frac{M_{zP}}{\frac{1}{2}\rho v_\infty^2 Sb} = -C_y\left(\frac{x_压 - x_P}{b}\right), \quad C_y = \frac{Y}{\frac{1}{2}\rho v_\infty^2 S} \tag{2.12}$$

式中,$x_压$ 和 x_P 分别是压力中心和任意点 P 到翼型前缘的距离。

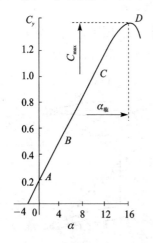

图 2.15　翼型的 C_y-α 曲线

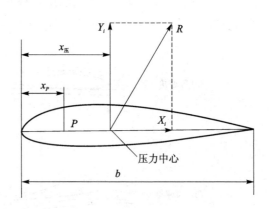

图 2.16　气动合力及力矩

当迎角 α 变化时,合力 R 的大小和作用点都会改变,即升力系数 C_y 和力矩系数 m_{zP} 都会变化。但实验发现存在某一位置,使得 m_{zP} 几乎不随 C_y 的变化而变化,该点被称为焦点。飞机低速飞行时,焦点一般在 25% 机翼弦长附近。

2. 机翼的摩擦阻力

机翼的摩擦阻力是指由于空气的粘滞性,当空气流过机翼时,受阻滞的空气对机翼表面产生的与飞行方向相反的作用力。如图 2.17 所示,受到阻滞的空气流动层为

附面层,附面层边界为空气流速达到 $0.99v_\infty$ 的边界,该边界到机翼表面的距离为附面层的厚度。

在图 2.17 中,附面层的空气流动分为层流附面层和紊流附面层两个阶段,层流转变为紊流的位置称为转捩点。在层流附面层中,气流速度梯度较小;在紊流附面层中,气流的流动速度梯度较大,出现旋涡和横向流动,紊流之后出现了大量的漩涡。摩擦阻力的大小与空气黏性、飞机表面面积以及表面粗糙度等有关,可通过延长层流段、减小机翼表面粗糙度等方式减小摩擦阻力。

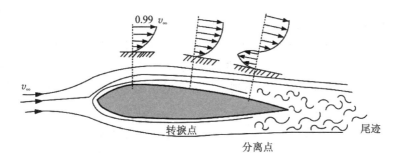

图 2.17　层流附面层和紊流附面层

2.2.3　机翼形状对气动载荷的影响

1. 后缘弯度

在相同迎角条件下,机翼后缘弯度对升力和失速迎角有较大的影响。在现代飞机中,机翼后缘部分通常包含可偏转的舵面,如副翼和襟翼等,当舵面向下偏转时,偏舵后压力在整个机翼分布上有了明显变化,能增大升力;当舵面向上偏转时,则能减小升力。所以,可通过改变机翼后缘弯度来操纵飞机。

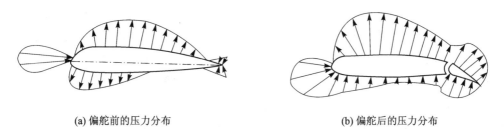

(a) 偏舵前的压力分布　　　　　　　　　　　　(b) 偏舵后的压力分布

图 2.18　机翼后缘弯度偏舵前后的压力分布

2. 缝隙形状

当飞机机翼舵面向下偏转时,由于大弯度机翼后缘更容易出现附面层分离,这就使得临界迎角变小。为了阻止或避免附面层分离,可在机翼后缘"开缝",将下翼面的高压空气经过缝隙加速后,沿着上翼面后下方吹去,避免出现后缘涡流。如图 2.19

所示,当飞机采用了既变弯度又有"缝隙"的襟翼时,可有效增大 $\alpha_{临}$ 及 C_{max}。

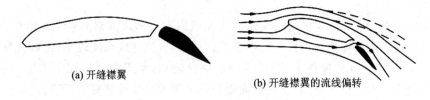

(a) 开缝襟翼　　　　　　　　　(b) 开缝襟翼的流线偏转

图 2.19　开缝襟翼的气流流动情况

3. 前缘襟翼

对于翼型较薄的高速飞机,在低速大迎角飞行时,很容易在前缘就出现气流分离的情况,所以可通过加装前缘襟翼或前缘缝翼来改善其流动情况。如图 2.20 所示,前缘襟翼和前缘缝翼都可以避免出现气流分离的情况,有助于提高飞机的操纵性。

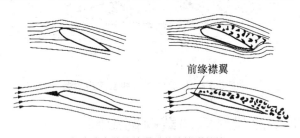

前缘襟翼

气流流守前缘缝翼或前缘襟翼的情况

图 2.20　前缘缝翼和前缘襟翼的作用

2.2.4　高速飞机的气动载荷

1. 机翼局部激波的形成

当飞机在超声速飞行时,扰动不能传到飞机头部和机翼前缘等,这使得飞机前面的空气突然遭到强烈的压缩,其压力、密度和温度都突然升高,空气不断受到压缩而形成激波,如图 2.21 所示。激波形状与飞机外形、飞行马赫数等相关,图 2.21(a)和(b)的激波为脱体激波,图 2.21(c)的激波为附体激波。激波面与运动方向垂直的部分称为正激波;与运动方向不垂直的部分称为斜激波。

当远方来流速度为 v_∞ 的气流绕过飞机机翼时,上翼面突起使局部流速加快,局部温度降低,从而使当地声速 v_a 下降。随着远方来流速度 v_∞ 增大,当机翼上最大速度 v_{max} 增加到当地声速 v_a 时,远方来流速度 v_∞ 为机翼临界速度 $v_{临}$,远方来流马赫数为下临界马赫数 $Ma_{下临}$,$Ma_\infty = v_\infty / v_{a\infty}$,$v_{a\infty}$ 为远方来流的声速。当 $v_\infty < v_{下临}$ 时,机翼各点的流速都小于当地声速,整个机翼处于亚声速状态;当 v_∞ 继续增加,机翼上 v_{min} 点的流速等于该点当地声速时,则整个机翼各点速度均大于当地声速,机翼处于超声速状态,对应 v_{min} 的 v_∞ 为上临界速度 $v_{上临}$,此时远方来流马赫数为上临界马赫

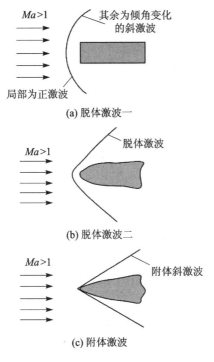

图 2.21　脱体激波与附体激波

数 $Ma_{上临}$；当 Ma 在 $Ma_{下临}$ 和 $Ma_{上临}$ 之间时，机翼部分处于超声速区，部分处于亚声速区，机翼整体处于跨声速流动状态。

2. 高速飞机的升力系数特性

以飞机机翼迎角为 2° 为例，说明升力系数随 Ma 的变化情况，如图 2.22 所示。

（1）亚声速阶段：当 $Ma<0.3$ 时，流过机翼的气流是不可压流动，其流线谱不随飞行 Ma 变化，作用在机翼上、下表面的压力系数保持不变，即升力系数不变。随着 Ma 逐渐增大，由于空气压缩性，流过机翼的气流变为可压流动，可压缩气流的流线弯曲程度比不可压时大，类似于增加了机翼弯度，对应的升力系数会增大，如图 2.22 中的 A - B 段。

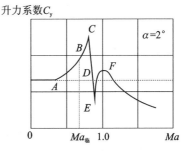

图 2.22　C_y - Ma 图

（2）跨声速阶段：在跨声速阶段，升力系数随着 Ma 的增大而先增大后减小，然后再增大，其根本原因在于机翼上、下表面出现了局部超声速区和局部激波。由于机翼上、下表面的局部超声速气流出现的先后和扩张的快慢不同，所以上、下表面压力降低也不同，这就造成跨声速阶段飞机机翼升力系数的剧烈变化。另外，机翼的压力中心在跨声速阶段也忽前忽后地变化，会出现飞机平衡、稳定和操纵等问题。

（3）超声速阶段：当 Ma 增大到一定值后，整个机翼的附近气流全部为超声速，升力系数随着 Ma 的增大而减小。

3. 高速飞行的阻力系数特性

同样，当飞机机翼迎角为 2°时，阻力系数随 Ma 的变化情况如图 2.23 所示。

（1）在亚声速阶段，阻力系数基本上不随 Ma 的变化而变化，只有接近 $Ma_临$ 时，阻力系数才会略微增大。

（2）在跨声速阶段，超过临界 Ma 以后，机翼上出现局部超声速区和局部激波，阻力系数会随着飞行 Ma 的增大而增大，Ma 在 1 附近时，阻力系数达到最大。

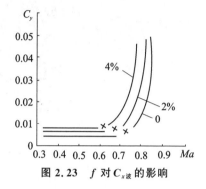

图 2.23　f 对 $C_{x波}$ 的影响

（3）在超声速阶段，Ma 再增大，阻力系数开始随 Ma 的逐步增大而下降。

2.3　飞机结构的其他载荷

2.3.1　载荷的分类

飞行载荷是飞机结构设计和强度计算的主要原始数据，它直接影响到飞机的质量、飞行性能和飞行安全。根据飞机载荷的作用性质，可将飞机上的载荷分为质量力和表面力两类。质量力是指与飞机质量相关的质量载荷，主要包括重力和各类惯性力；表面力是指与质量无关的表面载荷，主要包括空气动力、发动机推力、地面支反力和飞机各部分之间的相互作用力等。在飞机结构分析中，飞机各类型载荷也常被简化为集中载荷、线分布载荷、面分布载荷和体分布载荷。

在飞机滑跑、起飞、爬升、巡航、下滑和着陆等使用过程中，无时不在承受着载荷，主要包括在大气中飞行时所受的气动载荷；与飞机质量分布相关的质量力；飞机起飞和着陆时产生的气动载荷和冲击载荷；飞机发动机产生的载荷；大气中阵风引起的载荷；在大气层中高速飞行时的温度载荷；遇飞鸟和冰雹等的瞬时响应载荷等。

2.3.2　热载荷

由于飞机的动力装置、气动加热、太阳的直接辐射和反射辐射等原因，飞机结构会承受热载荷作用。飞机在高速飞行过程中，特别是超高速飞行，靠近飞机的气流被压缩产生阻滞力，由于摩擦产生大量的热，并在附面层区域内通过对流的方式进入结构，使结构加热。在绝热情况下，飞机蒙皮处的温度 T_s 可近似表示为

$$T_s = T_H(1 + 0.18Ma^2)$$

　　　　　　　　　　　　　　　　　　　　　　　　　　　　　　　　　（2.13）

式中，T_H 为高度 H 处的大气温度（K）；Ma 为飞行马赫数。

飞机结构在承受热载荷的过程中，由于结构件上温度分布的不均匀，产生由温度引起的温度应力分布不均，可能导致构件失稳和疲劳破坏。这就需要考虑飞机结构材料的热强度，分析结构材料在热环境下承受载荷的能力，研究在热载荷作用下的应力、变形、稳定性、振动、疲劳、高温蠕变等各方面的性能。

2.3.3　噪声载荷

在飞机飞行过程中，噪声载荷包括喷气、涡轮风扇及压气机、螺旋桨等动力装置产生的噪声载荷，也包括附面层压力脉动、空腔噪声、分离流噪声、激波振荡噪声等空气动力噪声载荷等。飞机结构在这些随机噪声载荷作用下会产生随机振动，中高频随机振动载荷可以激发结构模态参与振动，在某些模态频率上产生足够大的应力，可能导致结构的疲劳破坏。这就是飞机结构中的声疲劳问题。

噪声载荷作用下的结构振动分析是结构声疲劳研究的基础，对飞机结构设计声疲劳的随机振动应力计算有重要意义。因此，飞机结构设计中有必要进行声压场测量，分析噪声载荷的大小、分布和作用时间等，进行疲劳分析、设计及声载试验，以保证结构在使用寿命期内不会由于噪声载荷而导致破坏。

2.3.4　瞬时响应载荷

飞机瞬时响应载荷主要包括鸟撞载荷、冰雹载荷和其他飞机非正常状态的载荷，如空中机轮制动、单轮着地、打地转、机头碰地、飞机翻倒和强迫着陆等，还包括起飞助推、外挂物的投放和弹射等引起的载荷。

1.　鸟撞载荷

随着鸟类数量的增加以及机场周边环境的急剧变化，鸟类选择较为适宜生存的机场环境，这也使得迁徙途经机场的鸟类种类和数量激增。另外，随着人们高效出行的需求，机场每天起飞和降落的航班数较多，航班飞行频率越来越高，这样进一步加重了鸟类对飞机飞行安全的威胁。

鸟撞载荷是指飞机在飞行时与天空中飞翔的鸟相撞所产生的载荷。该类型载荷为瞬时响应载荷，可能会引起飞机结构损伤、飞行动力装置失去动力和飞行失控等事故。在起飞和着陆阶段，鸟撞载荷可能造成飞行航线偏离或冲出跑道，在飞行过程中可能会造成飞机坠毁的事故等。其根本原因在于鸟撞载荷的能量较大。例如，一只 1.8 kg 的鸟与速度为 650 km/h 的飞机相撞，可产生 33 870 kg 的撞击力，该撞击力可直接使飞机受损，导致空难事故发生。目前，国际航空联合会已把鸟撞升级并确定为"A"类安全灾难，鸟撞载荷也已成为飞行结构设计必须考虑的因素之一。

2.　冰雹载荷

相对于鸟撞载荷，冰雹载荷具有突发性强、来势猛、数量多和强度大等特点。冰雹直径一般为 5～50 mm，最大可达 300 mm，且冰雹自身刚度较鸟体大，在相同速度和质量情况下,撞击载荷更大。由于天空中气象多变,光线强烈,飞行员很难看见比较小的物体,冰雹相对飞机做高速运动,飞行员很难对前方出现的冰雹立即做出反应。目前的机载气象雷达只能探测到大雨、湿雪、厚云等与水汽相关的天气,但无法探测冰雹的存在情况。冰雹撞击的威胁空域更广,在0~10 000 m高度范围内均可能发生事故。

在冰雹载荷中,迎风面积大的部位最容易受损,如风挡玻璃、驾驶舱门窗、机头鼻锥、机翼前缘、发动机进气道、油箱、雷达整流罩等。对于风挡玻璃、驾驶舱门窗等部位,猛烈的冰雹撞击能够在较短时间内使其产生裂纹,极端情况下可击穿玻璃,危及生命安全。对于机头鼻锥处,冰雹撞击可能直接导致机头错位甚至直接断裂脱落。另外,冰雹载荷对飞机结构的破坏程度还要考虑冰雹的密度、撞击速度和多次撞击的影响等。

中国民用航空规章第25部《运输类飞机适航标准》(CCAR-25R4)规定,结构元件不会因包括冰雹在内的离散源损伤而失效。根据冰雹载荷的特点,民机抗冰雹撞击设计主要包括提高蒙皮等结构抗冲击能力,以避免或减轻因撞击威胁内部元件和管路;采用蜂窝等吸能结构填充,实现减缓撞击载荷,降低结构失效风险等手段。

2.4 飞机结构的过载

2.4.1 飞机坐标系

为描述飞机承受载荷的情况,通常使用飞机机体坐标系和飞机速度坐标系来定义飞机运动情况。在飞机结构和强度设计中,大多采用机体坐标系;在飞机的性能分析中,采用速度坐标系。我国一般采用的机体坐标系如图2.24所示。

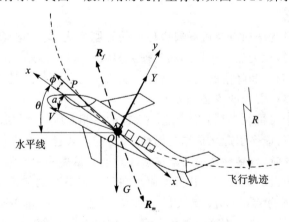

图2.24 飞机坐标系

在分析飞机结构承受载荷的过程中,有两种坐标系可以使用:一种是坐标系固连于地球上的静止坐标系;另一种是坐标系固连于飞机上的动坐标系。飞机在空中的运动可看作飞机质心平动和绕质心转动的组合。在图2.24中,以飞机质心为机体坐标系的原点,飞机纵轴为 Ox 轴,指向机头方向为正;Oy 轴在飞机对称面内,指向座舱上方为正;Oz 轴垂直于 Ox 和 Oy 两轴,构成右手坐标系。

2.4.2　过载的概念

考虑作用在飞机上的所有力,将表面力的合力用 R_f 表示,质量力的合力用 R_m 表示。当飞机在匀速飞行时,飞机在所有力作用下保持动平衡状态,即表面力的合力应等于质量力的合力,$R_f = R_m$。同样地,飞机上任一零件或部件,作用在其上的表面力 R_{fi} 与质量力 R_{mi} 也处于动平衡状态。当飞机在滑跑、起飞、爬升、巡航、下滑和着陆等过程中,通常采用过载系数(简称过载)来描述作用在飞机上载荷的变化情况。飞机的过载系数是作用在飞机上的表面力合力 R_f 与飞机重力 G 之比:

$$n = \frac{R_f}{G} \tag{2.14}$$

过载系数为无量纲矢量,常用 n 来表示。将过载系数 n 在坐标轴上投影,得到

$$n_x = \frac{R_{xf}}{G}, \quad n_y = \frac{R_{yf}}{G}, \quad n_z = \frac{R_{zf}}{G} \tag{2.15}$$

$$|n| = \sqrt{n_x^2 + n_y^2 + n_z^2} \tag{2.16}$$

式中,n_x、n_y 和 n_z 分别称为纵向、法向和侧向过载。R_{xf}、R_{yf}、R_{zf} 分别为 R_f 在 Ox、Oy、Oz 轴上的投影。将式(2.14)写成加速度的形式,为

$$n = \frac{R_f/m}{G/m} = \frac{a}{g} \tag{2.17}$$

式(2.17)表明,过载系数是飞机的加速度与重力加速度的比值,即过载系数为以重力加速度为单位的飞机加速度。

当飞机在空中飞行时,过载系数为

$$n = \frac{R_a + P}{G} \tag{2.18}$$

当飞机在起飞或着陆过程中时,过载系数为

$$n = \frac{R_a + P + P_k}{G} \tag{2.19}$$

式中,R_a 为空气动力的合力;P_k 为飞机起落架的支反力。

2.5　飞机在不同飞行状态下的过载

2.5.1　起飞、着陆等载荷下的直线飞行

当飞机在匀速直线飞行时,所受到的合力为零,即

$$\sum F_x = 0, \quad \sum F_y = 0, \quad \sum F_z = 0 \tag{2.20}$$

$$P = X, \quad Y = G, \quad Z = 0 \tag{2.21}$$

根据过载系数的定义,由式(2.21)求出三个方向的过载系数为

$$n_x = \frac{P - X}{G} = 0, \quad n_y = \frac{Y}{G} = 1, \quad n_z = \frac{Z}{G} = 0 \tag{2.22}$$

飞机在地面运动时,n_x 和 n_z 有可能不为零,例如前方撞击、刹车及侧滑着陆等。飞机在起飞和着陆时,飞机的垂直方向上会受到起落架的支反力。以飞机着陆过程为例,飞机与地面撞击,垂直方向上的速度在较短时间内降为零,出现了很大的着陆过载。如图 2.25 所示,着陆过载系数定义为起落架实际着陆载荷 P_d 与飞机停放地面时起落架所受的停机载荷 P_s 之比,即

$$n_y = \frac{P_d}{P_s} = \frac{G + N_y - Y_d}{G} \tag{2.23}$$

式中,N_y 为着陆时飞机垂直方向的惯性力;Y_d 为着陆时飞机上的升力;P_s 为停机载荷,等于飞机的质量。一般情况下,着陆时起落架承受的最大过载 n_y 可达 3～4。

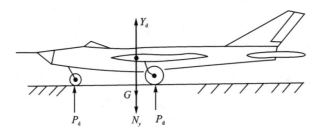

图 2.25　着陆时作用在飞机上的力

2.5.2　垂直平面内的曲线飞行

如图 2.26 所示,当飞机在垂直平面内曲线飞行时,飞机的 y 方向指向曲线的圆心。在 x 和 y 方向上列写力的平衡方程,则

$$\sum F_x = 0 \quad P\cos\varphi - X = G\sin\theta + ma_\tau \tag{2.24}$$

$$\sum F_x = 0 \quad P\sin\varphi + Y = G\cos\theta + ma_n \tag{2.25}$$

式中,$a_\tau = \mathrm{d}V/\mathrm{d}t$ 为切向加速度;$a_n = V^2/R$ 为法向加速度;φ 为发动机推力轴线与机体轴线的夹角,该值一般很小,可近似为零。根据过载系数的定义,可将式(2.24)和式(2.25)化简为

$$n_x = \sin\theta + \frac{1}{g}\frac{\mathrm{d}v}{\mathrm{d}t} \tag{2.26}$$

$$n_y = \cos\theta + \frac{v^2}{gR} \tag{2.27}$$

式中,R 为飞机运动轨迹的曲率半径。

对于垂直平面内圆周运动的飞机,当飞行在圆周轨迹的最低点时,$\theta = 0°$,其法向

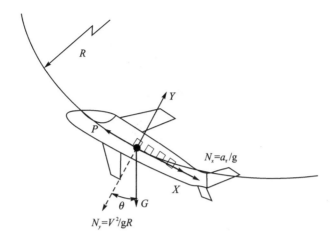

图 2.26　飞机在垂直平面内做曲线运动

过载 n_y 达到最大值,即

$$n_y \big|_{\theta=0°} = 1 + \frac{V^2}{gR} = n_{y\max} \tag{2.28}$$

当飞行在圆周轨迹的最高点时,$\theta=180°$,其法向过载 n_y 为最小值,即

$$n_y \big|_{\theta=0°} = -1 + \frac{V^2}{gR} = n_{y\min} \tag{2.29}$$

根据上述分析,当飞机运动的参数 V、R 和 θ 确定时,可利用式(2.26)和式(2.27)求解不同时刻飞机的过载系数 n_y。过载系数反映了飞机机动性的优劣,过载系数越大,机动性越好。通常情况下,飞机在使用过程中 n_y 要比 n_x 大一个数量级,纵向过载系数 n_x 一般较小。

2.5.3　水平面内的曲线飞行

如图 2.27 所示,飞机在水平面内做盘旋飞行,图中 γ 称为盘旋角。飞行过程中有一个指向圆心的气动力分量,以保证飞机向着盘旋圆心倾斜飞行。在无侧滑、无升降并以恒速做半径为 R 的水平匀速盘旋时,过载系数 n_z 和 n_x 等于零。将飞机所受合力沿水平方向 h 和垂直方向 v 进行分解,列出平衡方程,得

$$\sum F_v = 0, \quad Y\cos\gamma = G \tag{2.30}$$

$$\sum F_h = 0, \quad Y\sin\gamma = m\frac{V^2}{R} \tag{2.31}$$

按照过载系数的定义,得到水平和垂直方向上的过载系数为

$$n_v = \frac{Y}{G} = \frac{1}{\cos\gamma} \tag{2.32}$$

$$n_h = \frac{Y}{G} = \frac{V^2}{\sin\gamma gR} \tag{2.33}$$

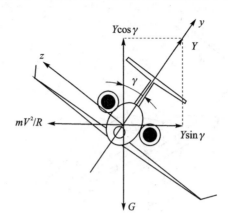

图 2.27　水平盘旋飞行时飞机上的力

利用三角关系式 $\sin^2\gamma+\cos^2\gamma=1$，将式(2.32)和式(2.33)进行转换，得

$$n_y=\sqrt{1+\left(\frac{V^2}{gR}\right)^2}\qquad(2.34)$$

由式(2.34)可得，盘旋半径与法向过载系数的关系为

$$R=\frac{V^2}{g\sqrt{n_y^2-1}}\qquad(2.35)$$

根据上述分析，盘旋角 γ 可以决定飞机盘旋飞行的法向过载系数。同时，在盘旋飞行速度 V 一定时，过载系数 n_y 越大，盘旋半径 R 越小，飞机的机动性能也就越好。

2.5.4　突风载荷下的飞行

在飞行过程中，由于地形、地貌和天气情况等原因，飞机会遇到不稳定气流，其速度向量与飞机飞行方向成一定角度，垂直方向上产生较大的突风过载，使飞机出现颠簸，可能导致飞机急速上升或下降。一般情况下，水平突风速度与飞机飞行速度相比是很小的，因而引起的水平方向过载增量也很小，可忽略不计；垂直突风会使飞机的攻角发生变化，引起垂直方向的过载增量较大。

如图 2.28 所示，飞机水平飞行速度为 V，飞行攻角为 α_0，无突风作用时，飞机所产生的升力等于重力，表达式为

$$Y=c_{La}\alpha_0\frac{\rho V^2}{2}S=G\qquad(2.36)$$

当飞机有突风载荷作用时，由于突风引起了攻角增加 $\Delta\alpha$，则产生的升力为

$$Y=c_{La}(\alpha_0+\Delta\alpha)\frac{\rho V^2}{2}S\neq G\qquad(2.37)$$

式中，$\Delta\alpha=\tan(U/V)\approx U/V\,(U\ll V)$。根据过载系数的定义，确定突风作用的过载系数为

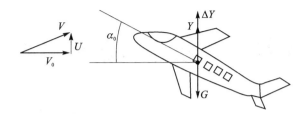

图 2.28　突风过载情况

$$n_{yg} = 1 \pm \frac{c_{L\alpha}\rho UV}{2G/S} = 1 \pm \frac{c_{L\alpha}\rho UV}{2p} \tag{2.38}$$

式中，$p = G/S$ 为翼载荷。由于实际突风载荷的时滞性，对飞机迎角和升力的影响逐渐发生。因此，提出了垂直突风减缓系数 K 以更加准确地分析突风过载，修正后的过载系数为

$$n_{yg} = 1 \pm K \frac{c_{L\alpha}\rho UV}{2p} \tag{2.39}$$

由式(2.39)可知，突风过载取决于机翼的几何参数和飞行速度。突风载荷会引起机翼弹性变形，容易在弹性力和惯性力的相互作用下，引起机翼气动弹性振动。当外载荷的频率与结构固有频率接近或重合时，还会引起飞机周期性的载荷，并可能引起共振，对飞机结构产生严重的破坏。

第 3 章 飞机结构的设计基础

飞机结构的设计内容较为广泛,涉及到结构的优化设计、抗疲劳设计、可靠性设计和防断裂设计等内容,本章主要针对飞机结构设计的基本内容进行论述。这些内容主要包括飞机结构的基本承力构件、结构传力分析、飞机结构材料以及材料的选取原则等,为飞机结构设计提供基础性指导。

3.1 飞机基本元件的承力特性

飞机结构的基本元件包括紧固件、元件和构件三类。了解飞机基本元构件的承力特性,有利于在不同外界载荷作用下,按照元构件的受力特性来设计合理的结构,发挥元构件本身的承力特性,使结构质量更轻。

3.1.1 紧固件

飞机结构常用的紧固件有铆钉、螺栓和螺钉三类。

铆钉是由头部和钉杆两部分构成的一类紧固件,用于紧固连接两个带通孔的零件,使之成为一件整体。这种连接形式称为铆钉连接,简称铆接,属于不可拆卸连接。因为要使连接在一起的两个零件分开,必须破坏零件上的铆钉。如图 3.1 所示,铆钉连接通常以受剪为主,常用到飞机蒙皮与桁条、翼肋和框等之间的连接。

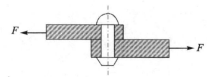

图 3.1 铆钉及其承力特性

螺栓是由头部和带螺纹的螺杆两部分构成的一类紧固件,需与螺母配合,用于紧固连接两个带有通孔的零件。这种连接形式称螺栓连接,属于可拆卸连接。螺栓的承力特性如图 3.2 所示,螺栓根据实际情况可能受剪也可能受拉,一般情况下,螺栓连接中的螺栓处于受剪状态。

螺钉是由头部和螺杆两部分构成的一类紧固件,主要用于压紧被连接的零构件。螺钉的承力特性如图 3.3 所示,螺钉处于受拉状态,常用于飞机结构非受力小口盖、仪表底盘、导线夹等连接。

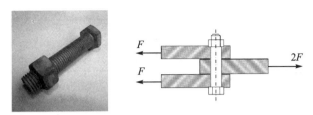

图 3.2　螺栓及其承力特性

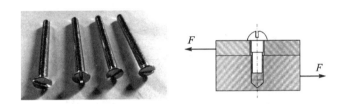

图 3.3　螺钉及其承力特性

3.1.2　受力元件

飞机结构常用的受力元件包括杆件和板件两类。

飞机杆件主要是指机翼的长桁、翼梁缘条等元件。杆件元件主要用来承受或传递沿杆件轴线方向的力。通常情况下,杆件的抗弯能力较小,认为其不能承受弯矩。因此,在飞机结构分析中,杆件通常设计为只能传递轴向力的一种元件。

飞机板件主要是指机翼中的纵墙、翼梁和翼肋的腹板等元件。根据板件厚度 δ 和板平面的最小尺寸 b 之比,将板件元件划分为薄板和厚板两类。通常情况下,当 $\delta/b<5\sim8$ 时,板件被认为是厚板;当 $5\sim8<b/\delta<80\sim100$ 时,板件被认为是薄板。如图 3.4 所示,薄板适合承受在板平面内的分布载荷,包括剪流和拉伸应力。一般来说,薄板不适合承受压缩应力和集中力。当薄板可能受压或者承受集中力时,需要考虑使用加强件等,以避免出现稳定性问题或撕裂问题。厚板能够承受板内外的剪流、拉伸应力和压缩应力,还能承受集中力。

3.1.3　受力构件

飞机结构常用的受力构件包括平面板杆结构、平面梁、空间薄壁结构和厚壁筒等。

如图 3.5 所示,平面板杆结构由同一平面内的薄板和杆件组成,适合承受作用在该平面内的载荷。由于杆件适合承受轴向力,所以平面板杆结构的杆件可承受轴线方向的集中力或在节点上施加的任意方向上的集中力。平面板杆结构的薄板适合承受板、杆之间传递的剪流。

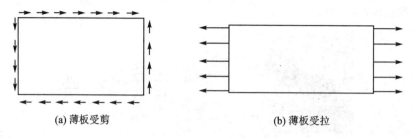

(a) 薄板受剪　　　　　　　　　　　(b) 薄板受拉

图 3.4　板件元件的受载情况

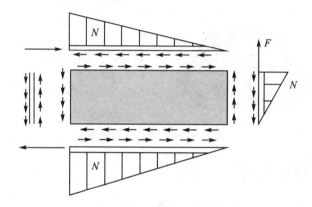

图 3.5　平面板杆结构传递剪流

　　在飞机结构中,平面梁适合承受梁平面内的载荷,可以是整体梁,也可以是薄壁结构组合梁。以飞机机翼翼梁为例,翼梁由上缘条、腹板和下缘条组成。上、下缘条作为杆件,可承受轴向力,当上、下缘条分别受拉和受压时,可承受梁平面内的弯矩;腹板适合承受梁平面内的剪流。

　　空间薄壁结构和厚壁筒可承受空间任意方向的力,如带腹板的薄壁梁、盒式结构等。

3.2　结构传力分析的基本方法

　　飞机结构的传力分析是指分析某种外载荷在飞机结构中各个元件之间的传递过程。该过程从载荷的作用处传递到支承基础上,往往有很多传力路径,但并不是每一条传力路径都是最优的。飞机设计人员利用结构基本元件的承力特性,通过合理布置结构零部件,明确各类型载荷的传递规则,设计出符合最小质量等要求的飞机结构。由此可见,飞机结构传力分析的目的是满足设计要求的高效传递载荷。

3.2.1　传力分析的基本过程

　　在飞机结构设计中,力的传递是极其复杂的,往往经过多个元构件实现载荷的传

递。在实际结构中,进行传力分析通常需要以下步骤:

（1）合理简化实际结构,分析主要元件。在飞机结构传力分析中,首先要明确被研究结构的主要部分和主要元构件,分析主要结构件参与总体传力的情况,忽略结构的次要部分和次要元件。在实际飞机结构中,主要元构件包括翼梁、翼肋、长桁、蒙皮和接头等。

（2）简化载荷种类,合理分析载荷分布情况。在飞机起飞、巡航和下降、着陆等使用过程中会承受多种载荷,但在结构分析中并不可能将所有载荷都进行考虑。在传力分析中,首先将多种载荷进行合理简化,分析影响飞机结构最严重的一种或几种载荷,根据情况将载荷简化成均匀分布或线性分布,确定载荷压力中心,尽量复现原载荷的作用效果。

（3）分析元构件之间的连接关系。由于飞机各零部件之间的连接结构一般较为复杂,不利于飞机结构的传力分析。为了更高效地分析传力过程,需要对各元件之间的连接结构进行简化,将实际连接形式简化为铰支、固支等集中连接或分散连接等典型型式,以便对其传力过程进行分析。

（4）分析各元构件的受力情况,建立载荷的传力路径。依次选取主要元构件,分析元构件的受力特性和与其他元构件之间的连接关系,建立静力平衡条件,求解载荷在各结构件中的传递过程。

3.2.2　飞机结构的传力特性

在实际情况下,飞机结构为高度超静定的复杂结构。在结构传力分析中,通常把飞机结构简化为静定结构、一次或二次超静定结构等。飞机结构的传力特性,可分为静定结构的传力特性和超静定结构的传力特性两类。

1. 静定结构的传力特性

如图 3.6 所示,梁 AB 两端铰支,中间位置作用一集中力 F,梁的弯曲刚度 EJ 为一常数。设由力 F 引起 A、B 两点的支反力为 R_A 和 R_B,列平衡方程得到梁的支反力为

$$R_A = 0.5F, \quad R_B = 0.5F \tag{3.1}$$

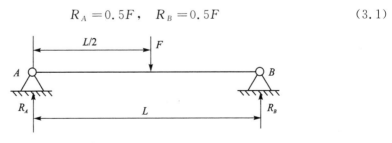

图 3.6　两端铰支梁的静定结构分析

由式（3.1）可知,作用力 F 在两端力的大小分配与力的作用位置和力的大小有关,与梁的面积或材料没有关系。这也表明静定结构中力的分配是确定的,只与力的

作用位置和力的大小有关,与结构本身的刚度(截面大小、弹性模量等)无关。

2. 超静定结构的传力特性

超静定结构是指具有多余约束的几何不变体系,也称静不定结构。多余约束是指在静定结构上附加的约束,每个多余约束都带来一个多余未知广义力,使广义力的总数超过了所能列出的独立平衡方程的总数,超出的数目称为结构的超静定次数。求解超静定结构问题不仅需要建立平衡方程,还需考虑结构的变形情况,求解的方法可分为力法和位移法。本节内容主要使用力法进行超静定问题的求解,利用平衡方程和变形协调方程进行综合求解,其中变形协调方程的个数等于多余未知力的个数。

如图 3.7 所示,梁 AB 一端固支,一端铰支,中间位置作用一集中力 F,梁的弯曲刚度 EJ 为一常数。设力 F 引起 A 点的支反力和支反力矩分别为 R_A 和 M_A,力 F 引起 B 点的支反力为 R_B,列平衡方程和位移方程得到梁的支反力为

$$R_A = \frac{11}{16}F, \quad R_B = \frac{5}{16}F \tag{3.2}$$

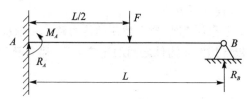

图 3.7　固支—铰支梁的超静定结构分析

将图 3.7 中 B 点垂直方向的铰支约束改为由弹性系数为 K 的弹簧来支撑,其他条件保持不变,如图 3.8 所示。对其受力分析,列平衡方程和位移方程得到梁的支反力为

$$R_B = \frac{5F}{16\left(1 + \frac{3EJ}{L^3}K\right)} < \frac{5}{16}F \tag{3.3}$$

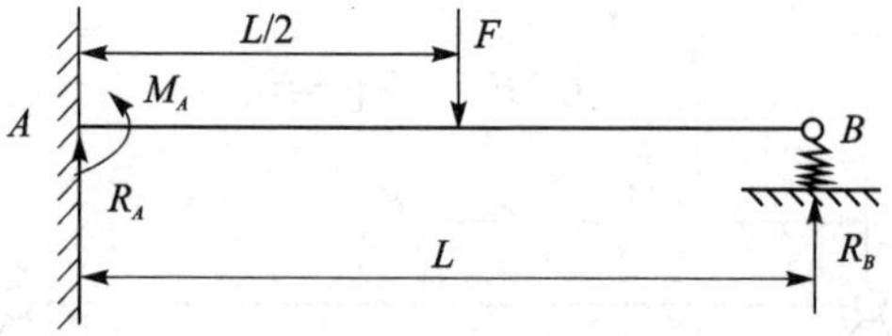

图 3.8　固支-弹簧铰支梁的超静定结构分析

分析图 3.7 和图 3.8 中两端支反力承载情况,力 F 向固支端和刚度大的地方传递得较多。由此可见,静不定的支持刚度对结构的传力有很大影响。超静定结构除了静力平衡方程外,还必须满足变形协调条件,才能求出各元件所受的力。在超静定结构中,力的分配不仅与各元件的几何尺寸及作用力的相对位置有关,还与元件本身

的刚度和支持刚度有关。具体分配规律为:当其他条件相同时,力向限制变形多的支点传得多;力的传递与支持点的刚度有关,向刚度大的支持点传递得多。

另外,在定性分析中,飞机超静定结构中各个元件在一定条件下可直接按照其本身刚度的大小比例来共同承担的载荷,即刚度分配法。该处的刚度为广义刚度,是指结构在载荷作用下抵抗变形的能力,即结构产生单位变形所需的外载荷,包括拉伸刚度、弯曲刚度和扭转刚度等。如图 3.9 所示,机翼两杆件 1 和 2 并排在一起受拉,两杆件截面积分别为 A_1 和 A_2,受到的作用力分别为 F_1 和 F_2。假设机翼杆件变形符合平剖面假定,受拉后的拉伸变形量相同,即 $\Delta L_1 = \Delta L_2$,可得

$$\frac{F_1 L_1}{E_1 A_1} = \frac{F_2 L_2}{E_2 A_2} \tag{3.4}$$

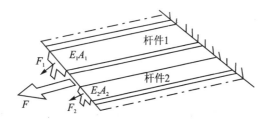

图 3.9　超静定结构中力的刚度分配

根据杆拉伸刚度的定义,$K = EA/L$,则式(3.4)可写为

$$\frac{F_1}{F_2} = \frac{K_1}{K_2} \tag{3.5}$$

式(3.5)描述了两杆按刚度比分配拉力的具体过程。与此类似,当机翼中有几根梁同时受广义力 F 作用时,各梁剖面的广义位移一致,则超静定结构中各元件分担的载荷按下式计算

$$F_i = \left(\frac{K_i}{\sum K_i}\right) F \tag{3.6}$$

式中,K_i 为与广义力 F_i 相对应的刚度。

3.2.3　飞机结构型式的选择

传力分析首先通过定性的分析来研究飞机结构的传力特性,进而研究结构的受力型式的问题,分析不同结构型式中载荷的传递方式。结构型式的选择取决于作用在结构上的载荷和结构的几何尺寸,也与结构的材料有关。在飞机结构设计中,选用何种结构型式是结构设计的关键问题之一,但目前尚未形成完善的选型理论。

目前,飞机结构型式的选择很大程度上依赖于相对有效高度 $\overline{H}_e$ 和相对载荷 $\overline{M}$ 等参数。相对有效高度 $\overline{H}_e$ 表征了结构材料的利用率,表达式为

$$\overline{H}_e = \frac{H_e}{H} \tag{3.7}$$

式中，H_e 为有效高度；H 为最大高度。$\overline{H}_e$ 越接近于 1，材料的利用率就越高。

相对载荷 $\overline{M}$ 表征了结构承受载荷的能力，表达式为

$$\overline{M} = \frac{M}{H_e} \tag{3.8}$$

式中，M 为结构承受的实际载荷。相对载荷越大，结构的受载越严重。

对于飞机结构，当结构受载严重时，即相对载荷较大，有效高度较小时，采用梁式结构型式较为合适；当结构受载较小时，即相对载荷较小，有效高度较大时，以采用桁架式结构较为合适；当相对载荷较大，有效高度较大时，通常采用板杆结构。另外，飞机结构型式还需考虑结构内部的布置情况、部件协调关系以及结构材料的性能等影响因素。

在飞机实际设计中，通常可根据一些定量设计理论来选择结构型式。这些理论主要包括：

(1) 飞机结构设计合理性的三条标准：结构传力路线短；元件材料利用率高；元构件综合利用性好。

(2) 静定和超静定结构内力分配原则：静定结构中力的分配是确定的，只与各元件的几何尺寸和力的作用位置有关；超静定结构力的分配还与元件本身的刚度和支持刚度有关。在一定条件下，超静定结构各个元件还可利用刚度分配法来分配载荷。

(3) 结构材料选用比强度和比刚度参数。

3.3　飞机结构材料

飞机结构材料是航空技术装备发展的物质基础，是材料科学与工程应用的一个非常重要的领域。先进结构材料对减轻飞机质量和提高飞机飞行性能有着重要影响，所以飞机结构设计过程中需要了解结构材料性能、特点和应用情况等内容。飞机结构材料种类较多，按照材料的性质可分为金属材料、非金属材料和复合材料。目前，金属材料仍占主导地位，应用较多的有铝合金、镁合金、钛合金、高强度合金钢和不锈钢等；非金属材料和复合材料由于其独特的材料性能，在飞机上得到越来越多的应用，如树脂基复合材料、金属基复合材料、防热材料和塑料等。

3.3.1　有色金属材料

在飞机结构中，常用的有色金属材料包括铝合金、镁合金和钛合金材料等，这些材料具有优良的机械性能。

1. 铝合金材料

铝合金是飞机结构使用最广泛的有色金属材料，具有密度低、导热性好、工艺性好和成本低等优点，容易在表面形成氧化膜，具有一定的抗腐蚀性。根据生产工艺的不同，铝合金可分为变形铝合金、铸造铝合金和铝锂合金等。

（1）变形铝合金有良好的塑性变形能力,工艺性好,适宜于锻造、挤压、压延、拉伸和切削等工艺。在飞机结构中,常用的变形铝合金有：LY12 硬铝合金,具有较高的硬度和强度,常用于制造飞机结构的骨架、蒙皮、整体舱段和安装支架等承力结构件；防锈铝,抗腐蚀性好,易于加工成形,用于制作飞机舱体的蒙皮、端框、支架等；LD5 和 LD10 锻铝,具有优良的热塑性,主要用于飞机对接框、支架、摇臂、接头等中等强度的锻件；超硬铝,室温强度较高,常用来制作受力较大的结构件,如蒙皮、整体壁板、机翼翼梁、隔框和转轴等重要结构件。

（2）铸造铝合金铸造性能好,但力学性能不如变形铝合金好。根据成分的不同,可分为铝硅基铸造铝合金(简称铝硅基)、铝铜基铸造铝合金(简称铝铜基)、铝镁基铸造铝合金(简称铝镁基)和铝锌基铸造铝合金(简称铝锌基)四类。铝硅基具有极好的流动性和良好的焊接性,用于飞机结构中没有特殊要求的中等强度铝铸件,不足之处是切削加工难度较大；铝铜基经过热处理强化,获得较好的力学性能,但铸造性能较差,常用于制造常温下承受高负荷且形状不太复杂的零件；铝镁基耐腐蚀性能好,具有较好的切削加工和抛光电镀性能,但铸造性能差,用来制造对耐腐蚀性能有特殊要求的零件；铝锌基经自然时效可获得良好的机械性能,具有良好的尺寸稳定性、切削加工性能和耐腐蚀性能,常用于制造尺寸稳定、变形小的精密结构件,如精密设备支架、传感器支架等。

（3）铝锂合金比传统的铝合金密度更低,强度和刚度更高,具有较高的断裂韧性和超塑成型性能,可用于制造形状复杂的飞机蒙皮和隔框。

2. 镁合金材料

镁合金是以镁为基础加入其他元素组成的合金,其主要优点是密度小,强度高,弹性模量大,散热好,消震性好,承受冲击载荷能力比铝合金大,具有良好的可切削加工性和铸造、锻造性能。其缺点是屈服强度和弹性模量低,耐腐蚀性能差,容易在潮湿大气中受到腐蚀。镁合金是实用金属中最轻的金属,其高强度和高刚性的优点使其广泛应用于航空、航天、运输和化工等工业部门。按产品状态,镁合金可分为变形镁合金和铸造镁合金。

（1）变形镁合金最常用的型号有 MB3 和 MB8。MB3 镁合金是高强度镁合金,具有强度高和塑性好等优点,常用于复杂形状的锻件和飞机内部结构件。MB8 合金具有中等强度,有良好的焊接性能和热加工塑性,可热弯成形,切削加工性能良好,可用来制作飞机舱体和尾翼上的蒙皮和壁板等零件。

（2）铸造镁合金在飞机结构中常用的型号有 ZM5 和 ZM6。ZM5 镁合金具有强度较高、铸造流动性好和线收缩率小等优点,可用于制造飞机端框、加强框、大型支架、舱体外壳、翼面整体面板等各种铸件。ZM6 镁合金的铸造性能好,强度较高,用于制造高温环境中工作的铸件,如气动加热的舱体、翼面等。ZM5 和 ZM6 镁合金都可以应用顺序结晶整体铸造等工艺,铸造出飞机机舱和尾段等整体部件,具有舱体质量好,生产效率高和节省材料的优点。

3. 钛合金材料

钛合金的强度较高,有良好的耐腐蚀性、抗疲劳性能、耐热性和超低温性能,在飞机上得到广泛应用。飞机上使用最多的是 TA7 合金和 TC4 钛合金。TA7 合金具有中等强度,较高的耐热性,工作温度可达 450 ℃,焊接性能良好,主要用在飞机结构中需要耐高温的结构件上。TC4 钛合金的热塑性和焊接性能较好,用于飞机上的高压气瓶、受力较大的杆式支架、舵轴以及热环境下工作的发动机壳体等结构件。总体上,钛合金用于制造尺寸稳定性好的隔热构件,但也存在耐磨性较差、制造工艺较复杂和成本较高等缺点。

3.3.2　黑色金属材料

在飞机结构中,黑色金属材料应用较多的是优质碳素钢、高强度合金钢、渗碳钢、氮化钢、不锈钢、高温合金等。优质碳素钢应用较多的是 20 号钢和 45 号钢,20 号钢主要用于发动机机架和高压气导管等,45 号钢常用作紧固件等;高强度合金钢由于强度较高,用途较广,常用于机翼翼梁、机翼-机身等对接接头、支座等承力件和紧固件等;渗碳钢(如 12CrNi3A)和氮化钢(如 38CrMoAl)分别通过渗碳和氮化等处理,使材料具有较高的硬度、耐腐性和抗疲劳强度,此类钢常被用做飞机陀螺的凸轮、液压舵机中的阀芯和阀套等有相对运动的结构件;不锈钢中应用最广泛的是奥氏体型不锈钢,常用于制作在高温气动加热、高温燃气流和腐蚀性介质中工作的结构件,可在 600 ℃以下工作环境中长期工作;当工作温度超过 700 ℃时,通常选用镍基高温合金和铁—镍基高温合金等。

3.3.3　复合材料

复合材料是将不同性质的材料组分优化组合而成的新材料。复合材料一般具有两种或两种以上化学、物理性质不同的材料组分,不仅保持各组分材料性能的优点,而且通过各组分性能的互补和关联可以获得单一组成材料所不能达到的综合性能。复合材料的基体材料分为金属和非金属两大类。金属基体常用的有铝、镁、铜、钛及其合金;非金属基体主要有合成树脂、橡胶、陶瓷、石墨、碳等;增强材料主要有玻璃纤维、碳纤维、硼纤维、芳纶纤维和碳化硅纤维等。目前,复合材料在飞机结构上的应用越来越多,从尾翼等构件发展到发动机壳体、舱体等承力构件。通常情况下,复合材料应用比例越高,飞机结构设计的也越先进。

目前飞机上最常用的结构复合材料是碳纤维增强树脂基复合材料,已经被广泛应用到翼面、尾翼等结构件的制造中。其他复合材料还包括聚合物基复合材料(PMC)、金属基复合材料(MMC)和陶瓷基复合材料(CMC)等。具体的,PMC 是以有机聚合物为基体,纤维为增强材料的复合材料,用作飞机舱段结构、层压蒙皮和桁条、加隔框等结构中。MMC 是一种或数种增强材料物理地或化学地与一种金属基体结合组成的复合材料,具有优异的高温性能,较高的韧性和抗冲击性能等。CMC 基体材料为碳化硅、氮化硅和硼化物等,具有很高的耐热和耐蚀性,使用温度为 1 400～1 700 ℃,主要用于制造航空发动机扩散段和喷嘴等高温环境工作的结构件。

3.4   飞机材料的选用原则

在现代飞机结构中,最广泛采用的结构材料包括铝合金、镁合金、钛合金、高强度合金钢、不锈钢和各种复合材料。未来飞机结构材料的发展趋势主要包括高性能、复合化、智能化、低成本和高环境适应性等。如何选择飞机结构的理想材料,是飞机结构设计的重要内容,需要综合考虑力学机械性能、材料加工成本、均质性和环境适应性等多种因素。其中,飞机结构材料选择最基本的参数是材料的比强度和比刚度。

3.4.1   比强度和比刚度

比强度是强度质量比,即材料抗拉强度与材料密度之比,σ_b/ρ。它是比较各种材料的强度-质量特性的归一化参数。比强度的国际单位为 N·m/kg。比强度越高,表明达到相应强度所用的材料质量越轻。飞机的结构材料应具有较高的比强度,才能以较小的截面满足强度要求,同时可以大幅度减轻结构本身的质量。

比刚度是刚度质量比的专业术语,即材料弹性模量与其密度的比值,表达式为 E/ρ。它是比较各种材料的质量-刚度特性的归一化参数。比刚度较高,说明相同刚度下材料质量更轻,或相同质量下刚度更大。比刚度也称为“比模数”或“比弹性模量”,是飞机结构设计中材料的重要参数之一。

表 3-1 列出了常用飞机结构材料的性能参数。其中,金属材料的比强度有较大的差别,比刚度差别不大;复合材料的比强度和比刚度较大,综合性能较为良好。在飞机结构设计中,需要考虑材料的质量属性、强度属性、刚度属性、经济性属性、加工工艺性属性和环境适应性等多种因素。其中,描述材料质量属性的参数有材料密度 ρ;描述材料强度属性的参数有强度极限 σ_b、弹性极限 $\sigma_{0.2}$、疲劳强度 σ_{-1}、断裂韧性 K_{IC} 和疲劳裂纹扩展门槛值 ΔK_{th} 等;描述材料刚度属性的参数有拉伸弹性模量 E 和剪切弹性模量 G。

表 3-1   常用飞机结构材料的性能参数

材　　料		$\rho/(\mathrm{kg\cdot m^{-3}})$	σ_b/MPa	E/GPa	$\sigma_b/\rho\,10^{-3}\cdot(\mathrm{m\cdot s})^{-2}$	$E/\rho\,10^{-6}\cdot(\mathrm{m\cdot s})^{-2}$
铝合金	变形铝合金	2 700	400～500	72	148～204	26.5
	铸造铝合金	2 700	200～500	72	74～185	26.5
镁合金	变形镁合金	1 800	200～340	45	110～187	25
	铸造镁合金	1 800	200～270	45	110～150	25

材　料		$\rho/(\text{kg}\cdot\text{m}^{-3})$	σ_b/MPa	E/GPa	$\sigma_b/\rho 10^{-3}\cdot$ $(\text{m}\cdot\text{s})^{-2}$	$E/\rho 10^{-6}\cdot$ $(\text{m}\cdot\text{s})^{-2}$
结构钢	碳素钢	7 800	420～650	210	54～83	27
	合金钢	7 800	800～1 600	210	102～206	27
	不锈钢	7 800	840～1 200	210	108～154	27
	高强度钢	7 800	1 600～2 400	210	206～306	27
复合材料	玻璃纤维/环氧树脂	1 850～2 120	1 200～1 700	45～70	755～800	24～33
	碳纤维/环氧树脂	1 280～1 600	1 400～2 500	140～240	1 093～1 563	109～150
	Kavlar/环氧树脂	1 300～1 600	450～600	25～30	346～375	19～20
	碳纤维/双马树脂	1 550～1 610	1 500～2 700	125～135	968～1 677	80～84
透明件 材料	非定向有机玻璃	1 180	71	2 900	60	2.5
	定向有机玻璃	1 180	71.5	3 600	66	3.1

3.4.2　不同结构件的比强度和比刚度

在飞机结构分析中,不同载荷情况下比强度和比刚度的具体表达式是不同的。

1. 拉杆的比强度

问题 1:如图 3.10 所示,一长度为 L、截面积为 A 的拉杆,受拉伸载荷 F 的作用,在静强度约束下,分析拉杆的质量最轻时材料的选取原则。

根据材料力学,拉杆在拉力 F 的作用下杆中应力 $\sigma = F/A$。拉杆结构在不受破坏的前提下,需要满足强度约束条件 $\sigma \leqslant \sigma_b$,所以拉杆的截面积 $A \geqslant P/\sigma_b$。根据上述条件,可计算拉杆的重量为

$$W = LA\rho \geqslant \frac{LP}{\sigma_b/\rho} \tag{3.9}$$

式中,ρ 为拉杆材料的密度。

在上述飞机拉杆结构设计中,拉杆长度 L 和外载荷 F 是已知的,为了使杆件结构重量 W 最小,σ_b/ρ 应取最大值。所以,σ_b/ρ 是解决拉杆的强度问题和重量问题的基本参数,该参数被定义为拉杆的比强度。

2. 压缩载荷下杆的比刚度

问题 2:在图 3.11 中,一长度为 L、截面积为 A 的杆件,受压缩载荷 F 的作用,在刚度约束下,分析压杆的质量最轻时材料的选取原则。

在压缩载荷 P 作用下,杆件有压缩强度不够失效和压杆失稳两种失效模式。

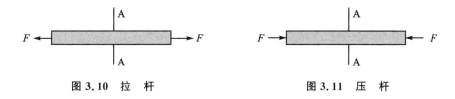

图 3.10　拉　杆　　　　　　　　　　图 3.11　压　杆

（1）压杆的强度分析

由材料力学可知，在载荷 F 作用下杆的变形 $\Delta L = FL/EA$，引入刚度约束 $\Delta L \leqslant [\delta]$，其中 $[\delta]$ 为许用变形。可得到 $A \geqslant FL/E[\delta]$，杆的质量为

$$W = LA\rho \geqslant \frac{FL^2/[\delta]}{E/\rho} \tag{3.10}$$

对于选择材料问题，要使质量取最小值，E/ρ 应取最大值。对于给定的拉压杆的变形问题，E/ρ 决定了其质量，因此定义 E/ρ 为杆的比刚度。

（2）压杆的稳定性分析

如果是压缩强度不够而失效，则比强度与拉杆完全相同。如果压杆的稳定性不够，那么压杆的失稳临界载荷为

$$F_E = C\pi^2 EJ/L^2$$

式中，C 为压杆支持系数，J 为压杆剖面的惯性矩。引入稳定性约束 $F \leqslant F_E$，并注意到 $J = KA^2$，其中 K 为压杆剖面形状系数，如正方形剖面 $K = 1/12$，圆形剖面 $K = 1/4\pi$，压杆的截面积 A 为

$$A \geqslant \sqrt{F_E L^2/(C\pi^2 EK)} \tag{3.11}$$

压杆的质量 W 为

$$W = LA\rho \geqslant \frac{L\sqrt{FL^2/(C\pi^2 K)}}{\sqrt{E}/\rho} \tag{3.12}$$

对于材料选择问题，要使质量取最小值，$\sqrt{E}/\rho$ 应取最大值。对于给定的压杆稳定性设计问题，$\sqrt{E}/\rho$ 决定了其质量，因此定义 $\sqrt{E}/\rho$ 为压杆的比强度。由此可见，压杆的稳定性问题是刚度问题。

3. 悬臂梁的比刚度

问题 3：如图 3.12 所示，一长度为 L、截面积为 A 的悬臂梁，受弯矩 M 的作用，在刚度约束下，分析悬臂梁的质量最轻时材料的选取原则。

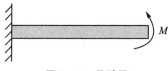

图 3.12　悬臂梁

根据材料力学可知，在载荷 M 作用下，悬臂梁端面处的线位移 $\delta = ML^2/(2EJ)$，角位移 $\theta = ML/(EJ)$。

在飞机梁结构设计中，如果要限制悬臂梁结构的末端线位移，即变形线位移满足约

束 $\delta \leqslant [\delta]$（$[\delta]$ 为许用线位移变形），则悬臂梁截面积 A 应该$\geqslant \sqrt{ML^2/(2EK[\delta])}$。根据上述条件，计算悬臂梁的重量为

$$W = LA\rho \geqslant \frac{L\sqrt{ML^2}/\sqrt{2K}}{\sqrt{E}/\rho} \tag{3.13}$$

在上述飞机悬臂梁结构设计中，要使悬臂梁结构重量最小，就应该使材料的 $\sqrt{E}/\rho$ 取值最大。所以，对于飞机悬臂梁结构的线变形约束问题，在长度 L 和弯矩 M 确定的条件下，由参数 $\sqrt{E}/\rho$ 来确定悬臂梁的最小重量，该参数也被定义为悬臂梁的比刚度。

如果要限制悬臂梁结构的角位移，即变形角位移满足约束 $\theta \leqslant [\theta]$（$[\theta]$ 为许用角位移变形），所以对于悬臂梁的截面积 $A^2 \geqslant ML/EK[\theta]$。根据上述条件，计算悬臂梁的重量为

$$W = LA\rho \geqslant \frac{L\sqrt{ML}/\sqrt{2K}}{\sqrt{E}/\rho} \tag{3.14}$$

与线位移分析相类似，在飞机悬臂梁结构的角变形约束问题中，依然由比刚度参数 $\sqrt{E}/\rho$ 来确定悬臂梁的最小重量。

可见此种情况下的比刚度仍然为 $\sqrt{E}/\rho$。

在飞机结构设计中，静强度问题一般以比强度作为参数来选择材料，不同受载和变形情况下材料的比强度的表达式是不一样的。例如，拉伸破坏时比强度为 σ_b/ρ，杆件受压总体失稳破坏时为 $\sqrt{E}/\rho$，受剪破坏时为 σ_b/ρ，受剪总体失稳破坏时为 $\sqrt[3]{E}/\rho$，在弯曲和扭转时分别为 $\sqrt[3]{\sigma_b^2}/\rho$ 和 $\sqrt[3]{\tau_b^2}/\rho$。材料的比强度越大，零构件的质量就越小。

对于飞机结构的刚度设计问题（包括稳定性问题），一般以比刚度作为参数选择材料，不同受载和变形情况下材料的比刚度的表达式也不同。例如，拉压元件的比刚度为 E/ρ，弯曲元件的比刚度为 $\sqrt{E}/\rho$。材料的比刚度越大，零构件的质量就越小。

此外，在选择材料的比强度和比刚度时，要考虑结构件的工作温度和载荷影响。一般情况下，材料的比强度和比刚度会随着温度的升高而下降；材料强度和抗疲劳性能在重复载荷作用下的会发生明显下降。当飞机结构在不同工作环境中工作时，需要考虑材料的热强度性能、耐高温性能、抗腐蚀性能和抗老化性能等因素。

3.4.3　飞机结构材料的选用原则

在飞机结构设计中，选用不同的结构材料会直接影响结构性能和生产成本，综合上述分析，总结材料的具体选用原则如下：

（1）在满足强度、刚度条件下，充分利用材料的机械性能和物理性能，选择比强度和/或比刚度大的材料，使结构质量最轻。各种材料的强度-质量特性的判据是比强度，评判材料刚度-质量特性的判据是比刚度。以结构强度为例，通常采用具有最

大比强度的材料,对应的质量效益也是最大的。一般情况下,铝合金、镁合金、钛合金等有色金属的比强度比黑色金属的比强度高,这就是飞机采用有色金属的原因。对非承力结构件,决定质量效益的主要参数是材料的密度。

（2）根据零件的受力和使用特点,选用材料的物理性能应能满足飞机结构的技术要求,如耐热性要求、隔热要求、导电与介电性能要求、隐身要求和抗冲击要求等。

（3）选用的材料要满足飞机结构的环境适应性要求,且有足够的环境稳定性。在规定的使用环境条件下,选用的材料要保持正常的机械、物理和化学性能,如耐腐蚀、耐高温和隔热等性能。

（4）选用材料应具有良好的机械加工性能和工艺性能,如铸造性能、锻造性能、焊接性能、切削加工性能和热处理工艺性能等。这体现出对飞机结构材料使用某种加工方法获得优质制品的可能性和难易程度,也会直接影响结构零部件的生产成本和生产周期。

（5）选用材料要综合考虑疲劳、断裂、腐蚀、工艺、经济性等多方面因素,优先选用已有型号飞机上应用成熟的材料。尽量选用国家已制定标准、已规格化的材料;选用的材料要质量稳定,符合验收标准,成本要低,有良好的供应渠道,能为设计、制造提供有关性能文件;重要的零件还应规定代用材料;同一产品中选用的材料品种不宜过多,尽量避免过多选用稀有的贵重材料。

第4章 飞机结构部件的设计

4.1 机翼的结构设计

机翼是飞机产生气动升力的主要部件,要保证飞机具有技术要求所规定的所有飞行状态下的飞行性能和机动性能。机翼的结构设计是在总体设计的指导下,根据机翼结构设计的原始条件和设计规范,合理选择机翼结构的受力型式,设计机翼结构主要受力构件的布置方案,确定结构元件的数量及尺寸,给出机翼结构的设计方案,确定主要尺寸及连接,并对结构方案进行详细设计。

在机翼结构中,机翼内部空间常用于储存燃油和收藏主起落架等,还可能要安装操纵系统和一些小型设备等。机翼后缘安装有副翼、襟翼、扰流片等控制面,用于控制飞机起降与飞行。机翼前缘安装各种型式的襟翼、缝翼等增升装置,用于改善飞机的起降或机动性能。此外,发动机、起落架等其他部件也有可能安装在机翼上。

4.1.1 机翼结构的设计要求

机翼设计必须满足飞机设计要求中的飞行技术性能要求,它是机翼设计的主要技术依据。对机翼设计的要求包括:

(1) 在起飞、着陆和空中机动状态下尽可能有大的升力及高的升阻比,保证在任何飞行状态下的升阻比不小于规定值;

(2) 在巡航状态和高速度下有尽可能小的气动阻力;

(3) 在全飞行包线内具有良好的操纵性,特别是在低速时要有线性的俯仰力矩特性、较好的副翼效率和横航向特性;

(4) 要满足强度和气动弹性要求,使机翼具有足够的结构刚度和较轻的结构质量和较高的临界颤振速度,以保证飞机的稳定性和操纵性;

(5) 机翼盒段的容积要尽量大,要具有一定容积率储存燃油,满足外挂物的安装和投放时的稳定性,还要有一定的重心移动范围以及隐身性要求;

(6) 防冰、除冰、防雷击、防鸟撞等其他设计要求。

4.1.2 机翼结构设计的原始要求

在机翼结构设计中,首先需要明确机翼结构设计的原始条件,主要包括总体性能参数、机翼外形参数、几何协调和设计约束等。

总体性能参数是指由飞机总体设计给出的与机翼结构相关的主要性能参数,包括翼载荷、机翼面积和最大过载系数等。其中,机翼面积和翼载荷取决于飞机的飞行性能要求,翼载荷描述了飞机机翼受载的严重程度。一般情况下,飞机飞行速度越快,翼载荷越大,机翼受到的弯矩也就越大,但机翼的相对厚度较小,结构设计的难度会明显增大。

机翼外形参数由飞机气动要求确定,主要包括机翼展弦比、翼展长度、翼型相对厚度、机翼后掠角等。机翼外形参数对结构设计有着直接影响,例如当机翼面积相同时,展弦比越大,机翼就越细长,机翼上承受载荷的压力中心随之外移,根部弯矩增大;采用后掠机翼可以有效改善飞机在跨声速飞行时的气动性能,但后掠翼存在载荷向后缘集中的后掠效应。

机翼几何协调主要是指所设计的机翼有无中央翼、设计分离面、外挂、机翼油箱以及机翼内是否需收藏起落架等。通常情况下,上单翼或下单翼有中央翼,与机身框多为铰接;中单翼如果有中央翼贯通机身,则机身-机翼连接也多为铰接;中单翼如果没有中央翼,则机翼与机身框固接。机翼内是否需收藏起落架对机翼的受力构件布置有直接影响,它将决定有无大的不受力开口,在哪些部位布置加强件来承受起落架传来的集中力;除此之外,机翼是否设置整体油箱、机翼上是否有悬挂物以及机翼沿展向有无分离面等都将影响机翼结构的设计。

在气动力和其他外载荷作用下,安装在机身上的机翼将发生弯曲、扭转和剪切的变形。机翼的设计约束是指根据设计条件和设计经验,分析机翼主要受力构件的强度、应变、翼尖的扭转变形和弯曲变形、稳定性以及气动颤振等。可通过建立机翼结构参数化模型,利用优化设计分析机翼结构的型式与主要元件的尺寸。

4.1.3　机翼的主要受力构件

机翼的典型结构包括蒙皮、桁条、翼梁、纵墙和翼肋等,如图 4.1 所示。

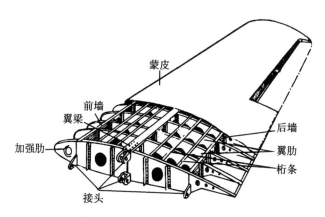

图 4.1　机翼结构的主要受力构件

1. 翼　梁

翼梁是承受机翼外载荷的主要构件，与机身固接连接。根据梁的构型情况，可分为桁架式、腹板式和整体式三种基本类型。桁架式翼梁中的每一个杆件在节点处与蒙皮、翼肋等构件相连，各杆件主要受轴力作用，常用于轻型低速飞机。腹板式翼梁由腹板和缘条组成，缘条采用 L 形或 T 形的板弯或挤压型材，与用板材制成的腹板连接构成翼梁。腹板式翼梁具有良好的结构性能，翼梁上承受的剪力使腹板受剪，产生剪流；由剪力引起的弯矩使梁缘条受拉伸或压缩，产生轴力；由梁腹板和机翼蒙皮壁板形成的闭室可以承受机翼的总体扭矩，该类型翼梁在现代飞机中得到了广泛应用。整体式翼梁常用在受载较大、翼型较薄的歼击机机翼中，采用铝合金、钢或钛合金等制成的整体翼梁，以降低制造成本和减轻结构质量。

根据机翼结构中翼梁的数目，可将梁式机翼分为单梁式、双梁式和多梁式结构。以双梁式机翼为例，该结构由前梁和后梁组成，前梁位于能与机翼前缘缝翼相连的位置，后梁位于能与襟翼副翼、扰流片等操纵面相连的位置，由前梁、后梁、壁板、机翼蒙皮等组成的封闭盒段可用作整体油箱。

2. 翼　肋

翼肋通过翼梁或纵墙腹板及蒙皮互相对接起来，主要功用是维持机翼剖面形状和承受局部气动载荷。按其功用和构造型式，翼肋可分为普通翼肋和加强翼肋。

普通翼肋不参与机翼的总体受力，除承受蒙皮和桁条传来的局部气动载荷外，还在自身平面内承受弯曲和剪切，同时受到翼梁和蒙皮的支持。普通翼肋一般有构架式、围框式和腹板式三种结构形式。构架式翼肋主要用于轻型低速飞机；围框式翼肋通常很重，设计中应尽量避免采用；在现代飞机上普遍使用的是腹板式翼肋，由翼肋缘条、腹板和垂直加强筋条组成，在腹板上开有减轻孔以减轻结构质量。翼肋的腹板通常由板材冲压成形，而缘条可以直接由腹板弯边而成，也可另用型材与腹板进行铆接，以方便翼肋与蒙皮和桁条进行连接，使翼肋制造更为简单。

加强翼肋除了承受蒙皮和桁条传来的局部气动载荷外，还可以用来承受与机翼相连的起落架、发动机、襟翼、副翼等其他部件传来的集中载荷，并将它们扩散成分布剪流传递到由翼梁和蒙皮组成的翼盒上。另外，加强翼肋可以布置在机翼后掠角、上下反角等的纵向构件转折处，以重新分配载荷。加强翼肋通常采用腹板式或整体式，腹板式加强翼肋的腹板和缘条较强，缘条一般采用挤压型材，腹板上不开孔，并用角材支柱加强。

3. 桁　条

桁条是蒙皮的纵向支持构件，参与总体受力，承受由机翼弯矩引起的轴向力，也可能承受局部空气动力引起的剪力。桁条的强度主要取决于机翼总体受弯时引起的轴向力，而轴向力的大小取决于机翼的结构受力形式、桁条横截面的大小和形状等。桁条受压后可能会产生局部失稳或总体失稳现象。

4. 纵　墙

纵墙是指机翼的纵向受力构件,结构型式与翼梁相类似,但它与机身铰接连接。纵墙将剪力传递到机身,但不能将弯矩直接传递给机身。

5. 蒙　皮

蒙皮分布在机翼表面,用于维持机翼外形和承受气动载荷。蒙皮的厚度为 $0.5 \sim 20$ mm,与机翼结构型式和所承受的载荷有关。蒙皮可采用整体壁板的型式,也可使用铆接、胶接或焊接等方式与其他结构件连接。在机翼总体受力时,蒙皮主要承受由扭矩引起的剪流,当蒙皮较厚时,蒙皮还可以承受部分总体弯矩。蒙皮质量占机翼质量的 $25\% \sim 40\%$,通常由硬铝合金板材、碳纤维和硼纤维复合材料等制造,高超声速飞机通常采用合金钢或钛合金等材料。

4.1.4　机翼结构的受力型式

从总体上看,飞机机翼结构是一个悬臂梁结构,其结构型式分为梁式、单块式和多腹式三类。

1. 梁式机翼

在梁式机翼中,翼梁是最主要的受力构件,蒙皮较薄,桁条较弱,而机翼与机身通过几个集中接头连接。梁式机翼由翼梁和缘条来承受机翼总体弯矩。根据梁的数量不同,梁式机翼又可被分为单梁式、双梁式和多梁式机翼。与其他结构受力型式相比,梁式机翼更便于开口而不致破坏原来的主要传力路线,且机翼-机身连接简单、方便。翼梁之间的跨度较大,机翼内部可利用的容积较大。但是,由于梁式机翼主要依靠翼梁承受弯矩,当机翼高度较小时,其材料利用率较低,而且其结构的破损安全性能也较差。

2. 单块式机翼

在单块式机翼中,一般布置 $2 \sim 3$ 根缘条较弱的纵墙(或翼梁),桁条多且较强,蒙皮较厚。该类型机翼的主要受力构件是由蒙皮、桁条和梁缘条组成的上、下壁板,具有较强的抗拉、压及剪切能力。单块式机翼比梁式机翼的刚度特性好,结构分散受力,能更好地利用剖面的结构高度,材料的利用率较高,质量较轻,其生存力也比梁式机翼强。其缺点是不宜大开口,在设计分离面处必须采用周缘连接形式,构造和装配工艺也比较困难。

3. 多腹板式机翼

多腹板式机翼具有厚蒙皮、多纵墙和少翼肋等结构特点,常应用于高速薄翼飞机上。多腹板式机翼的蒙皮一般为变厚度蒙皮,由上、下厚蒙皮共同承受弯矩。与多梁式机翼的区别在于多腹板式机翼蒙皮厚而几乎无加筋,而多梁式机翼的蒙皮较薄而有加筋。另外,多腹板式机翼主要由蒙皮传递弯矩,且传给中央翼,而多梁式机翼主要由梁传递弯矩,且通过接头传给机身。与梁式、单块式机翼相比,多腹板式机翼的材料分散性更大,机翼的刚度大,材料利用率更好。多腹板式机翼也有类似单块式机翼的缺点,且情况更为严重。

4.1.5　机翼受力型式的设计

典型的机翼剖面如图 4.2 所示,确定机翼结构型式的基本参数包括有效高度、相对载荷和相对厚度。

(1) 有效高度 H_e:该参数反映了剖面材料的利用率,H_e 越接近 1,材料利用率就越高。对于梁式机翼,H_e 约为 0.8;对于单块式和多腹板式机翼,H_e 约为 0.9。

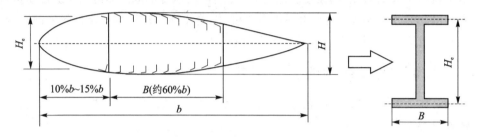

图 4.2　典型的机翼剖面

(2) 相对载荷:通常机翼剖面由前后缘和承力盒段组成,典型的机翼剖面前缘段占弦长 b 的 10%～15%,承力盒段宽度 B 占弦长 b 的 60% 左右,后缘段占弦长 b 的 25%～35%。机翼某结构剖面的相对载荷 $\overline{M}$ 定义为该剖面处的弯矩 M 与该剖面承力盒段宽度和有效高度的比值,即

$$\overline{M} = \frac{M}{H_e B} \tag{4.1}$$

(3) 相对厚度:机翼相对厚度主要由飞行速度确定。在亚声速飞行时,升力系数随着相对厚度的增加先变大后减小;在高亚声速飞行时,减小相对厚度可以提高临界马赫数,延缓激波的产生;超声速飞行时,减小相对厚度,可明显降低波阻。亚声速飞机机翼的相对厚度在 15% 左右,大多采用梁式结构;跨声速飞机机翼相对厚度在 10% 左右,大多采用单块式结构;超声速飞机机翼相对厚度在 5% 左右,大多采用多腹板式结构。

结合上述三个参数,可根据表 4-1 选择合适的机翼受力型式。另外,结构受力型式的选择在很大程度上受飞机总体布局的影响,还需要考虑起落架在机翼上的布置对受力型式的影响。当起落架必须固定在机翼上,并需要把整个起落架收藏在机翼内时,机翼根部就必定大开口,机翼只能选用梁式,或至少在开口部位需采用梁式。另外,机翼与机身的相对位置及机身内部布置也会影响到机翼与机身的对接形式,并进而影响到机翼受力型式的选择。

表 4-1　机翼受力型式的选择

相对厚度/%	相对载荷/$(\text{kg} \cdot \text{m}^{-1})$	受力型式
12~18	小于 1×10^5	梁式结构
10~18	大于 1.5×10^5	单块式结构
小于 8	大于 1×10^5	多腹板式结构

4.2　机身的结构设计

4.2.1　机身的设计要求

机身是飞机结构的基本部分,通过各种连接接头,把飞机各部件连成一个整体。机身的主要功用是固定机翼、尾翼、起落架等部件,使之连成一个整体;同时还用来装载机组人员、乘客、货物、燃油及各种设备。飞机结构设计的基本要求适用于机身结构设计,即在保证机身结构完整性的前提下,结构质量尽可能小。在总体设计阶段,机身结构设计需要满足装载的使用要求,可能在一些气动要求和质量要求上作出让步,还要协调机身、机翼、尾翼等相连接部件的主要受力构件,设计内容基本满足各种技术要求和使用要求。在零部件设计阶段,设计机身需要满足结构的强度、刚度和工艺性要求。机身应具有足够的刚度,否则会影响尾翼的效率和尾翼颤振特性,变形也会引起阻力增大。

具体地,机身结构设计还应满足如下要求:

(1) 合理选择机身外形,将其设计成细长的流线体,外形光滑,突出物少等,使其气动力阻力小,有效容积大。

(2) 合理设计机身结构型式,使其能够承受各装载物的质量力以及作用在机身上的气动载荷和密封舱内的压差载荷,并能总体协调机翼、尾翼、起落架和动力装置等受力构件的布置,传递和承受各受力构件的载荷,同时满足座舱盖、开口等的特殊使用需求。

(3) 能够有效布局舱位,合理装载各种载荷。装载应满足重心位置的要求,尽量降低装载物的惯性矩,以保证飞机具有良好的稳定性和操纵性;对于飞行中可变动重量的装载物(如燃油等)安置在飞机重心附近,以减小重心位置变化的范围。

(4) 应具有足够的开敞性,便于布置机身内的各种部件和设备,方便人员检查和维护,便于乘员进出,保证在危急情况时能迅速撤离,方便装卸货物等。

(5) 在保证机身结构完整性的前提下,结构重量尽可能小,整体具有良好的工艺性,生产成本要低。

4.2.2　机身的基本参数

机身的基本参数包括横剖面形状参数和侧面形状参数。

飞机机身横剖面形状取决于飞机的功用、使用条件和总体布局。为了减小摩擦阻力,机身横剖面应尽量设计为圆形、椭圆形、方形和梯形等,这些形状适用于不同用途及速度范围的飞机。例如,低速飞机可用方形,而具有气密座舱的高亚声速大型客机,则多用圆形或椭圆形;喷气式战斗机一般采用不规则的形状。在民用飞机机身设计中,窄体客机通常采用双圆弧形机身剖面,上层旅客乘坐,下层用于装载货物和安装设备;宽体客机通常采用多圆弧段组成的机身剖面。战斗机机身通常设计为圆形或近圆形剖面,如米格-21 机身。部分轻型飞机为了提高机身容积利用率也可采用带圆角的长方形截面,如中国的运 12 小型客机。

飞机机身的侧面形状为一个中间大、前机身和后机身缓慢均匀收敛的纺锤体。如图 4.3 所示,机身头部略下垂,用于扩大驾驶员的视界;机身尾部略上翘,以避免飞机着陆时机身尾部触地。机身侧面形状的设计需要考虑飞机用途、最小阻力要求,以及机翼、尾翼、动力装置等和其他设备的具体布置位置等。现代飞机的侧面形状受到驾驶舱的很大影响,有的驾驶舱平滑地露于气流之中,有的则埋藏在机身之内,前者多用于中小型飞机,后者多用于大型飞机。

在现代跨声速飞机中,采用跨声速面积律设计机身,即安装机翼部位的机身截面适当缩小,形成蜂腰机身。飞机机头设计得很尖或在头部用空速管作为激波杆,远远地伸出在迎面气流之中,以削弱激波的强度,减小波阻。随着飞行速度不断增加,通常采用细而长的旋转体作机身,目前超声速飞机机身的长细比(机身长度与机身剖面的最大直径的比值)已超过 10。另外,超声速飞机将驾驶舱埋藏于机身外形轮廓线之内,以进一步减小阻力,但这将影响飞机座舱视界。所以,该类型飞机在超声速飞行时,机头呈流线形;在亚声速飞行时整流罩放下,以扩大驾驶员的视界;在进场和着陆时,整流罩全部下垂,驾驶员视界就更开阔了。

飞机机身的基本几何参数包括长度 L、直径 d_f、前机身长度 l_f、后机身长度 l_a 等。

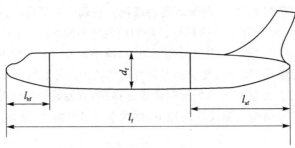

图 4.3　机身的基本几何参数

机身参数还包括最大横截面面积 S_{fmax}、机身长细比 $\lambda_f = \dfrac{l_f}{d_f}$、前机身长细比 $\lambda_{bf} = l_{bf}/d_f$ 和后机身长细比 $\lambda_{af} = l_{af}/d_f$。当机身横截面不是圆形时,计算机身的等效直径 d_f 为

$$d_f = 2\sqrt{S_{fmax}/\pi} \qquad\qquad (4.2)$$

根据飞机形状的统计数据表明,对飞行马赫数 $Ma \leqslant 0.7$ 的亚声速飞机,λ_f 一般取 6~9;对 $Ma = 0.8$~0.9 的高亚声速飞机,λ_f 一般取 8~13;而对超声速飞机,λ_f 一般取 10~23。

4.2.3　机身的主要受力构件

现代飞机的机身结构是由沿机身纵轴方向的纵向元件(长桁、桁梁等)和垂直于机身纵轴的横向元件(如隔框等)及蒙皮组合而成的,其结构形式有构架式、硬壳式和半硬壳式。其中,半硬壳式又可分为桁梁式和桁条式机身。从用途方面来说,机身受力构件与机翼相对应的受力构件相类似,也包括蒙皮、桁条、桁梁和隔框(类比机翼的翼肋)等构件。

1. 机身蒙皮

机身蒙皮是指包围在飞机骨架结构外并用铆钉固定于骨架上的构件,形成并维持飞机的气动力外形,保护乘员、设备和货物不受迎面气流的影响,并保持表面光滑。飞机蒙皮与桁条所构成的结构承受由弯矩引起的拉-压正应力和由剪力和扭矩作用引起的剪切应力;机身蒙皮还要承受相当大的压差,并将压差载荷传递到相连的机身机翼骨架上,受力复杂。因此,机身蒙皮材料要求强度高、塑性好,还要求表面光滑,并具有较高的抗蚀能力。蒙皮可以用板材、带纵向构件的壁板、蜂窝夹芯壁板或整体壁板制成,在轧机等尺寸允许的条件下,蒙皮的尺寸应尽可能大些,以减少蒙皮间的连接。机身板材蒙皮的常见连接方式有对接、搭接和下陷式搭接等方式。

2. 桁条和桁梁

长桁和桁梁的作用是承受机身弯曲时产生的轴力,支撑蒙皮,提高蒙皮的受压、受剪失稳临界应力,此外还能承受部分作用在蒙皮上的气动力,并传给隔框。一般采用标准的挤压和板弯型材,型材类型与机翼桁条基本相同。桁梁有时也采用组合式构型,一般由两个型材铆接而成,有时候则是因为工艺需要而采用组合式结构。在机身中的某一段往往还会布置有辅助桁梁或桁条,以承受传到机身上的集中载荷,或布置在机身的大开口处以进行强度补偿。辅助桁条用于对蒙皮的局部加强或其他辅助功用,如各种中、小开口的边框等。

3. 机身的隔框

类似于机翼的翼肋,机身的隔框在自身平面内刚度较大,通常由框缘、加强筋及腹板等组成。框缘及加强筋是隔框的主要受力部位,在结构传力中起主导作用;腹板

承受一定的面内剪力和正应力。同时,在隔框腹板处开出一些孔洞,以减轻结构质量,满足环控通风散热、电缆敷设等要求。从受力的观点来看,隔框分为加强隔框和普通隔框两类。

普通框的作用是维持机身外形,并固定蒙皮和桁条,防止蒙皮壁板在纵向压缩载荷作用下发生弹性失稳。普通框剖面一般都设计成环形,框剖面上有内外缘和腹板,它能承受框平面内的弯曲和剪切载荷。普通框承受的载荷不大,一般采用板材分段弯制而成,其外缘形状与机身截面相似,内缘往往与机身内部布置相协调。由于普通框的整体刚性较差,装配时通常将普通框的一部分与桁条和蒙皮先组成壁板,然后在部件装配和总装配时形成整体的隔框。另外,框的腹板上通常有许多开孔,以减轻质量。

加强框除了具有普通隔框保持气动外形的作用之外,主要功用是将装载的质量力和其他部件(机翼、尾翼等)上的载荷,经连接接头传递到机身结构上,将集中力加以分散,然后以剪流的形式传给机身蒙皮或机身各舱段的分隔面。与普通框相比,加强框的尺寸和质量都比较大,有较强的缘金和较厚的腹板。加强框有用模锻制造的整体环形框,也称为刚框,也有用零构件组装的环形组合框和腹板框。

4.2.4　机身结构的受力型式

按照组成机身结构的元构件和受力,机身结构分为构架式结构和壳式结构两类。构架式机身的承力结构为静定的空间桁架,桁架构件只承受拉力或压力,蒙皮起维持外形的作用,这种机身质量较轻但其生存性较差,内部空间利用率低,目前已很少采用。壳式机身由闭合的薄壁外壳和骨架组成,该类型机身结构材料均匀地分布在剖面周缘,材料利用率高,具体可分为桁梁式结构、桁条式结构和硬壳式结构。

1. 桁梁式机身

桁梁式机身由几根较强的大梁、较弱的桁条、较薄的蒙皮和隔框组成。机身弯曲时,弯矩引起的轴向力主要由大梁承受。蒙皮和桁条组成的壁板,截面积较小,受压稳定性较差,只能承受一小部分弯矩引起的轴向力。桁梁式机身,由于采用了较强的大梁,因而可以开大的舱口而不会显著降低结构的强度和刚度。

桁梁式机身的结构特点是有若干根具有较强承弯能力的桁梁,桁条的数最少且弱,蒙皮很薄。在桁梁式机身中,弯矩引起的轴向力主要由桁梁承受,蒙皮与长桁仅承受很小部分轴力,剪力和扭矩引起的剪流全部由蒙皮承担。桁梁式机身由于采用了较强的大梁,蒙皮未能充分利用,使结构质量较大,但在开口附近及接头处比较容易加强,因而可以开大的舱口而不会显著地降低结构的强度和刚度。因此,桁梁式机身广泛地用于小型飞机和大开口较多的飞机上。

2. 桁条式机身

桁条式机身结构由较密的桁条、隔框和较厚的蒙皮组成。桁条式机身的桁条和蒙皮强度较高,受压稳定性好,弯矩引起的轴向力全部由蒙皮和桁条组成的壁板来承受。由于蒙皮加厚,蒙皮在气动力作用下的局部变形较小,改善了机身的空气动力性能,增大了机身结构的抗扭刚度,所以与桁梁式机身相比,它更适用于较高速飞机。

在桁条式机身中,由于机身没有强有力的大梁,不宜开大的舱口,如果要开口,必须在开口部位使用加强件。桁条式机身各构件受力比较均匀,传递载荷时必须采取分散传递的方法,因而机身各段之间都用很多接头来连接。现代飞机机身只要没有很大的开口,就采用桁条式结构。

3. 硬壳式机身

硬壳式机身由少量隔框和厚蒙皮组成。蒙皮承受全部的剪力、弯矩和扭矩,具有很强的生存力。隔框用于维持机身外形、支持蒙皮和扩散框平面内的集中力。硬壳式机身结构型式没有纵向构件,必须通过增加厚度来维持稳定性,但这势必会增加飞机质量。所以,硬壳式机身蒙皮多采用夹层结构,可有效降低机身质量并提高其刚度。

总体上,现代飞机的机身结构型式有桁梁式、桁条式和硬壳式三种。桁梁式结构上桁梁的截面面积很大,蒙皮很薄,长桁很弱,适合大开口、小载荷的情况;桁条式结构的长桁较密较强,蒙皮较厚,适合于小开口、中等载荷的情况;硬壳式结构为厚蒙皮结构,几乎没有纵向构件,其外形和刚度好,适合于无开口、大载荷的情况。

4.2.5　机身结构受力型式的选择

在机身结构受力型式的选择中,需要分析机身载荷的大小,计算机身的相对弯矩 $\overline{M}_z$ 和相对扭矩 $\overline{M}_x$,即

$$\overline{M}_z = \frac{4M_z}{D_e} \tag{4.3}$$

$$\overline{M}_x = \frac{2M_z}{D_e} \tag{4.4}$$

式中,D_e 为机身的当量直径。通过计算机身横截面的面积,利用截面积相等的方法计算当量直径,如图 4.4 所示。

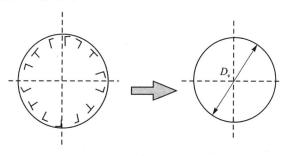

图 4.4　当量直径的定义

根据机身结构型式的受载特点,可按表 4 - 2 初步选择机身结构型式。实践证明,蒙皮、桁条加强壁板构成的盒段具有质量轻、强度高、易制造和便于维修的优点,

而且桁条式机身属于多传力路线的结构型式,因此是现代飞机采用最多的机身结构型式。对民用飞机,全机身都有小开口(如窗),所以基本上都采用桁条式结构。对其他类型的飞机,如果前机身扭矩很小,弯矩不大,通常前机身是仪器设备等,需要大开口,可采用桁梁式结构。

表 4－2　机身结构型式的选择

相对弯矩	相对扭矩	开口情况	结构型式
小、中	小	大开口	桁梁式
中	中、大	小开口	桁条式
中、大	大	无开口	硬壳式

4.3　操纵面的结构设计

飞机的操纵面是指铰链在飞机机翼、水平尾翼和垂直尾翼上的可动翼面,用来在飞机飞行和在地面高速滑跑时操控飞机。它包括副翼、升降舵、方向舵等主操纵面及前缘缝翼、襟翼、扰流板、减速板等辅助操纵面。

4.3.1　副　翼

副翼是通常安装在机翼翼梢后缘外侧的一小块可动的翼面,为飞机的主操作舵面,如图 4.5 所示。在技术要求所规定的所有飞行状态下,副翼要满足对飞机进行横向滚转的有效控制,避免在飞行中由于机翼弯曲变形导致副翼卡死。另外,副翼的质量要配平,减小铰链力矩,减小偏转和收起状态下的附加阻力,减小副翼偏转时的偏航力矩等。通过左、右机翼上的副翼同时但反向的偏转(或差动偏转),产生滚转力矩,用以进行飞机的横向运动操纵。副翼的翼展一般占整个机翼翼展的 1/6～1/5,

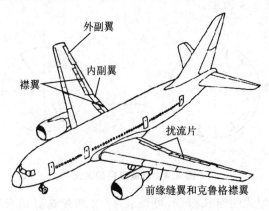

图 4.5　飞机机翼上的操作翼面

其翼弦占整个机翼弦长的 1/5～1/4。通过左边副翼上偏,右边副翼下偏,实现飞机向左滚转;反之,通过右副翼上偏,左副翼下偏,实现飞机向右滚转。

　　与机翼的外形和结构相类似,副翼大多采用金属薄壁结构或复合材料结构型式,由大梁、桁条、肋、隔板、加强板和蒙皮等组成。从结构上看,副翼位于翼面后部,可看作是支持在悬臂接头上的多支点连续梁,通过悬臂和操纵摇臂将操纵面上受到的气动力和质量力传给机翼,副翼结构必须有尽可能大的抗扭刚度,以防止发生颤振。

　　在飞行过程中,副翼的效率取决于副翼的相对弦长(0.25～0.30)、相对展长(0.20～0.40)和副翼的偏角(上偏角约为 25°,下偏角为 15°～25°)。由于机翼上表面的弯度通常比下表面大,故当副翼向上、向下偏转同样角度时,所引起的机翼上的阻力却是不同的,这就会产生偏航力矩而使飞机侧滑,因此要求两侧机翼的上偏角度比下偏角度大一些。另外,副翼向下偏转会引起攻角增大,容易引起机翼上的气流分离反效,因此要限制副翼的下偏角。

　　在飞行过程中,由于机翼的弹性,副翼产生的力矩作用在机翼上也会使机翼向与副翼偏转的相反方向变形扭转,改变机翼的攻角,从而在气动力的作用下产生一个与副翼产生的滚转力矩方向相反的力矩。当飞行速度达到某一值时,操纵副翼产生的滚转力矩与机翼上气动力引起的弹性变形产生的力矩相互抵消,就会使副翼失效,飞机无法操纵。这时的飞行速度称为反效速度。当飞行速度继续提高,超过反效速度时,操作副翼产生的滚转力矩将小于在气动力作用下因机翼变形而产生的反方向力矩,此时副翼效应为负而起相反的作用,这也被称作"副翼反效"。

4.3.2　尾翼的结构设计

　　如图 4.6 所示,飞机尾翼提供飞机的纵向航向的稳定性和操作性,主要包括垂直尾翼和水平尾翼。垂直尾翼由垂直安定面和方向舵组成,用于保证飞机的航向稳定性和操纵性。方向舵安装在垂直尾翼的垂直安定面之后,通过其偏转,可实现飞机的航向修正和小角度转向;水平尾翼由固定的水平安定面和升降舵组成,用于保证飞机的纵向稳定性

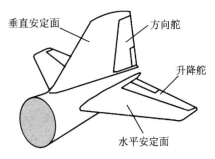

图 4.6　尾翼布局

和操纵性。升降舵是水平尾翼上位于水平安定面之后的可操纵翼面,通过其偏转,产生俯仰力矩,用于飞机的俯仰操纵。尾翼有常规尾翼、T 形尾翼、全动水平尾翼、双垂尾、多垂尾、V 尾、无平尾、鸭式布局、平尾翼尖尾垂等多种布局构型。其中,前三类结构较为典型。全动水平尾翼将水平安定面和升降舵合二为一,腹鳍和背鳍的作用与垂直安定面相同,用于提高飞机的航向稳定性。

　　与其他飞机结构件一样,尾翼结构设计同样需要满足基本要求,即在满足结构强

度刚度和寿命的要求下,结构质量最轻。同时,尾翼结构的设计要考虑其应用的特殊性,如在飞行范围内不得发生分散、颤振、抖振等气动弹性不稳定现象;要有良好的防冰、除冰和防雷击性能;垂尾还要满足防鸟撞设计要求等。总体上,尾翼设计的基本要求就是在最小尾翼质量的要求下,保证飞机在所有飞行状态下具有所要求的稳定性和操纵性。

为满足尾翼的设计要求,需要合理选择尾翼的形状参数和布局。升降舵和方向舵的结构型式可分为单梁式和单梁单墙式,单梁又可分为单梁薄壁结构型式和单梁全高度填充结构型式,其结构型式和设计与副翼相似。除此之外,要求升降舵和方向舵在其活动范围内做全角度运动时,任何情形下不得与其支撑结构或相邻结构出现干涉。当舵面分段时,各段应刚性连接在一起。

4.3.3　扰流板和减速板

扰流板和减速板是安装在机翼表面,位于襟翼之前,用于控制机翼升力和阻力的薄板,打开时几乎可以转到直立位置,如图 4.7 所示。扰流板和减速板张开时,引起气流分离,使升力下降,阻力增加。扰流板和减速板的结构型式相同,通常采用典型的双片、三铰链连接结构,由悬挂支臂、前墙、端肋、上下蒙皮、尾部桁条蜂窝夹芯和封严型材构成。

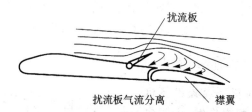

图 4.7　减速板和扰流板的功用

飞行扰流板左右对称地布置在机翼上表面,通常位于外襟翼的前面。飞行中如果只打开一侧的扰流板,则可以对飞机的滚转操纵起一定作用;当需要相当大的阻力时,则可以同时打开两侧的扰流板,使飞机速度快速下降。地面扰流板或减速板使用时两侧的减速板同时张开或闭合,在着陆飞行阶段,使用减速板可使飞机进场更准确,并增大下滑斜率;在着陆滑跑时,使用减速板,不仅增大了阻力,还增加了机轮对地面的压力,使刹车效率提高,缩短着陆滑跑距离。

4.3.4　前缘增升装置

机翼增升装置是指机翼上用来改善气流状况和增加升力的一套活动面板,可在飞机起飞、着陆或低速机动飞行时增加机翼剖面的弯曲度及迎角,从而增加升力。在现代飞机上,机翼的前、后缘都布置有增升装置,用以提高飞机的升力系数,减小大攻角下的失速速度,改善飞机的起降性能和机动性能。机翼前缘增升装置通常布置在弦线 8%～15% 的弦长位置,有前缘缝翼、前缘襟翼、克鲁格襟翼、固定缝翼等型式,其中固定缝翼是其中最简单的型式,但其翼剖面阻力大,所以一般只用于一些低速飞机或通用飞机。后缘增升装置布置在弦线 65%～75% 的弦长处,有简单式、开裂式、后退式、开缝(单缝、双缝或多缝)式、喷气式等多种型式的襟翼。

　　机翼前缘增升装置通过改变机翼剖面的弯度和长度,改善机翼扰流在大迎角下出现的前缘分离,延迟失速的发生,从而提高升力系数。主要的结构型式有前缘缝翼、前缘襟翼和克鲁格襟翼等,具体为以下几种。

1. 前缘缝翼

　　前缘缝翼是位于机翼前部的活动部分,偏转角一般为 20°～30°。当前缘缝翼收起时,在机翼固定前缘的前面构成机翼的前缘外形;放下时,前缘缝翼和机翼的固定前缘之间形成特殊形状的缝隙,即固定前缘在缝翼的后面形成另一个前缘剖面,如图 4.8 所示。前缘缝翼由一段或几段组成,它与机翼骨架相连。由于缝翼属于长跨距结构,缝翼支撑在导轨上,由作动器推拉使其收放,因此缝翼结构可看作是双支点梁。由于前缘缝翼承受的负压很大,对缝翼的结构变形和质量大小要求很高,故缝翼结构设计成密肋薄壁管梁。

2. 前缘襟翼

　　前缘襟翼多用于前缘较尖的超声速薄机翼上,如图 4.9 所示。前缘襟翼为机翼前缘可下垂偏转的部分,其气动力效果虽然不如缝翼好,但其结构简单、刚度好,尤其适用于相对厚度小、前缘薄的薄翼型机翼。

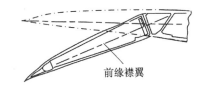

图 4.8　典型的前缘缝翼形状　　　　图 4.9　F-104 战斗机薄机翼歼击机的前缘襟翼

3. 克鲁格襟翼

　　克鲁格襟翼的工作原理与前缘缝翼相同,但其结构更薄,更适合于安装在较薄的机翼上。克鲁格襟翼多安装在机翼的前缘下表面,其放下时不仅减小了机翼前缘的攻角,而且增大了机翼面积,所以效率较高。另外,克鲁格襟翼与后掠机翼外侧的前缘缝翼配合使用时,能够在飞机出现失速时保证良好的纵向稳定性。克鲁格襟翼主要有固定弯度和变弯度两种型式。

　　与前缘缝翼相比,采用克鲁格襟翼具有结构简单、制造成本低和质量轻、无需导轨支撑等优点。在正常飞行时克鲁格襟翼收起,与固定前缘构成整体翼型,可以避免因有缝隙漏气而导致的阻力增加。但是,克鲁格襟翼也存在不少缺点,如气动增升效果不如前缘缝翼高;操纵机构复杂,防冰系统的设计也复杂;放下时襟翼机构暴露在外面,容易受到发动机反推装置气流扬起的尘土、脏物、水和冰雪等的冲刷。

4.3.5 后缘增升装置

现代飞机为了提高最大升力系数,减少起降距离,还采用了多种形式的后缘增升装置,即后缘襟翼。一般情况下,后缘襟翼通常占翼剖面弦长的 25%~35%,具体的结构类型有简单襟翼、开裂襟翼、后退襟翼、开缝襟翼和富勒襟翼等,如图 4.10 所示。这五种襟翼的结构型式和布置、支臂、襟翼前缘开口补强等设计要素基本相同,具体简介如下。

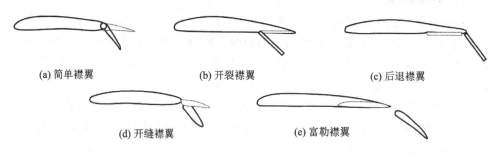

(a) 简单襟翼   (b) 开裂襟翼   (c) 后退襟翼

(d) 开缝襟翼   (e) 富勒襟翼

图 4.10 后缘襟翼的种类

1. 开裂襟翼

开裂襟翼是铰接在机翼后梁下翼面上的一块加强板,放下时增大了翼型的有效弯度,从而增加机翼上的升力。开裂襟翼的弦长占机翼弦长的 25%~30%,起飞时的偏转角一般为 20°左右,着陆时的偏角可达 50°~60°。当飞机起飞时,开裂襟翼偏转至起飞位置,可减小起飞速度和起飞滑跑距离;当飞机着陆时,开裂襟翼可使飞机大大减速,从而可增大下滑斜率并缩短飞机着陆距离。在后掠机翼上,随着后掠角的增大,升力系数急剧减小,因而通常不采用开裂襟翼。

2. 简单襟翼

简单襟翼是一个铰接的后缘构件,可通过向下偏转来改变翼剖面弯度,从而提高机翼的升力。一般情况下,简单襟翼的有效偏转为 10°~15°。由于简单襟翼较容易安装在薄机翼上,所以该类型襟翼多用在早期的歼击机和通用飞机上。

3. 后退襟翼

后退襟翼偏转时,襟翼相对于转轴转动并同时在翼弦方向沿导轨向后移动,不仅改变翼剖面弯度,同时增大机翼面积。后退式襟翼的襟翼和机翼之间没有缝隙。

4. 开缝襟翼

开缝襟翼偏转时,不仅改变翼剖面弯度,而且在襟翼前缘和机翼之间会形成特殊形状的翼缝,空气通过缝隙从下翼面高速流向上翼面,延缓上翼面的气流分离,达到增升效果。开缝襟翼有单缝襟翼、双缝襟翼和三缝襟翼等型式,其中单缝襟翼是在简单襟翼的基础上改进而成的,有效偏转角度可高达 40°~50°。

5. 富勒襟翼

富勒襟翼是一种开缝后退式襟翼,其优点是不仅可以增加翼剖面的弯度,而且能增大机翼面积,且气流通过缝隙吹走后缘涡流,增升效果非常明显。富勒襟翼的升力系数可提高 85%～95%,大面积富勒襟翼的升力系数可达 110%～140%。富勒襟翼的缺点在于多导轨支撑结构的复杂性和增重较大。

4.4　起落架的结构设计

4.4.1　起落架的功用

起落架是飞机用于起飞降落或地面滑行时支撑飞机并用于地面移动的附件装置。起落架是飞机起飞、着陆、滑跑、地面移动和停放所必需的支持系统,是飞机不可或缺的一部分,其工作性能的好坏及可靠性直接影响飞机的使用和安全。

起落架的主要功用包括:

(1) 承受飞机在地面停放、滑行、起飞、着陆滑跑时产生的静、动载荷,防止飞机结构发生破坏;

(2) 承受、消耗和吸收飞机在着陆与地面运动时的撞击和颠簸能量;

(3) 制动飞机,以缩短起飞滑跑距离和着陆滑跑距离;

(4) 保证飞机在滑跑与滑行时能稳定地操纵,完成在地面的各种运动。

早期由于飞机飞行速度低,对飞机气动外形的要求不严格,飞机起落架固定在机身上,并在飞行过程中暴露在机身之外。随着飞行速度的不断提高,飞机阻力随之急剧增大,这时暴露在外的起落架严重影响了飞机的气动性能。因此,人们提出了可收放的起落架结构,即飞机在空中飞行时起落架收到机翼或机身之内,飞机着陆时再将其放下。不足之处在于起落架增加了复杂的收放系统,使飞机质量增加,但总体上利大于弊。

按照起落架的结构功能,起落架系统可分为收放子系统、减震缓冲子系统、刹车子系统、前轮减摆子系统、操纵子系统等。收放子系统主要功能是可靠地收放起落架,并将其固定在特定位置,主要由收放操纵机构、锁定机构、舱门机构、应急放下装置等组成;减震缓冲子系统主要用于吸收并消耗垂直方向的动能,减小着陆撞击载荷,一般由减震缓冲装置和轮胎等组成;刹车子系统功能是消耗航向的动能,以缩短起飞和着陆滑跑距离,由刹车装置和防抱死系统等组成;减摆子系统功能是消耗前起落架的转动摆动动能,以实现飞机快速运动,由减摆器和起落架支柱等组成;操纵子系统功能是操纵飞机的地面运动和修正起降滑跑方向,由前起落架操纵机构、纠偏机构和刹车装置等组成。

4.4.2　起落架的设计要求

目前,起落架是飞机结构最容易出现故障的系统之一。由于飞机的载荷日益增大,起落架系统变得越来越复杂,对起落架的设计要求也越来越高。总体上,轻质量、高强度、长寿命、高可靠性、低成本及与机场道面的兼容性是起落架的设计目标。

起落架是飞机结构的一部分,同样应该满足飞机结构件的一般设计要求,即在保证起落架结构的强度、刚度和一定寿命的前提下质量最轻;使用维护方便,易于检查、修理和更换;还应满足空气动力和工艺性、经济性等要求。除基本要求外,起落架还应满足以下要求:

(1)地面运动操纵要求:起落架应保证飞机在起降滑跑、滑行、机动、牵引等地面运动时具有良好的稳定性、操纵性和适应性。稳定性是指飞机高速滑跑时不易产生偏向、滚翻、侧翻以及不稳定的前轮摆振等;操纵性是指飞机在地面滑行转弯灵活,转弯半径小;适应性是指在不同跑道或不同侧风等情况下着陆时,飞机仍具有良好的稳定性和操纵性。

(2)减震缓冲性能要求:起落架应能缓冲并吸收飞机着陆时的正常撞击能量,以使飞机结构件在撞击载荷下仍然满足设计强度;应能很快耗散撞击能量,吸收并耗散因跑道不平造成的颠簸。

(3)刹车要求:应具有良好的刹车性能,以缩短飞机的起降滑跑距离,缩短所需的跑道长度,同时要保证刹车时刹车装置(如轮辋等)温度不超过限定值。

(4)收放可靠性要求:起落架与飞机机体结构的连接合理可靠;应保证起落架舱门打开、关上,以及支柱收上、放下时都有可靠的锁定机构,收、放时间应合适;应具有尽可能小的外形尺寸,以减小放下时的迎风阻力和收起时所需的收藏空间。

(5)防护与维修要求:主起落架应具有可替换性,以便于备件存储与更换;寿命要长,易维护修理。

值得注意的是,由于处于复杂的疲劳载荷作用下,起落架设计一般按疲劳寿命设计,主要原因是起落架构件多采用超高强度材料,该类型材料临界裂纹长度小,裂纹从可检出到断裂之间的扩展寿命短。

4.4.3　起落架的配置型式

起落架的配置型式指的是飞机起落架支点数目及其相对于飞机重心的位置特征。起落架的配置型式直接关系到飞机运动的操纵性能,而且也关系到支柱受载和起落架机体部件的质量特性。目前,飞机上常采用的配置型式有后三点式、前三点式、自行车式及多支点式等四种型式,如图4.11所示。

1. 后三点式起落架

后三点式起落架的主起落架(主轮)布置在重心之前,尾轮则位于机身尾部。由于早期飞机前部安装有活塞式发动机和螺旋桨,这种型式的起落架在早期飞机上得

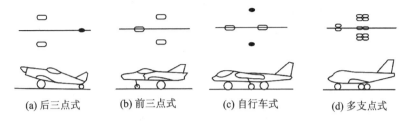

图 4.11　起落架的配置型式

到了广泛的应用。后三点式起落架由于其尾轮受力很小,结构简单,停机轴线呈前高后低的倾斜,起飞时具有较大的迎角,降落时可利用其较大的飞机阻力进行减速。但是这种布局有以下缺点:

（1）起飞滑跑和着陆滑跑操作性差。在起飞滑跑中,飞机质量与升力之差由主支点承受,飞机相对于该支点要保持平衡,但侧风、地形凸凹不平等扰动会使飞机产生偏转力矩,操作性差。另外,装后三点式起落架的飞机在滑行转弯时,后支柱必须松开锁,使它能自由偏转,否则后支柱会产生转弯阻力,导致机轮损坏。这些都是导致后三点起落架应用受限的原因。

（2）装有后三点式起落架的飞机必须限制飞机着陆速度。当飞机速度超过着陆速度时,起落架主支点有可能过早碰触跑道,此时在支点上产生的迎面力相对重心形成上仰力矩,飞机便绕主支点向后翻转或倒立。若上仰力矩未达到使飞机倒立的程度,则飞机在质量力矩的作用下,尾部开始下沉并转为大迎角状态。由于飞机速度大于着陆速度,即飞机升力大于重力,飞机会飘飞到某一高度,此后由于失速而从这一高度降落下来,该现象被称为"跳跃"。当飞机"跳跃"着陆时,容易造成事故。因此,后三点式起落架的飞机不允许在速度超过着陆速度时使主轮碰触跑道,该类型飞机只有在飞行速度等于或小于着陆速度、三个支点同时接触跑道的前提下,才能保证正常着陆。

（3）安装后三点式起落架的飞机只能采用螺旋桨发动机或涡轮螺旋桨发动机,不能采用喷气发动机。在后三点式起落架的飞机上,螺旋桨形成的气流吹过水平尾翼,从而产生平衡和操纵飞机所需的力矩。相对比,在速度未达到使平尾起作用之前,驾驶员无法通过喷气发动机来控制飞机的俯仰,容易产生向前倾覆。

2. 前三点式起落架

前三点式起落架的主起落架布置在飞机重心的稍后处,前起落架布置在飞机头部。这种型式的优缺点与后三点式起落架刚好相反,已经在现代飞机上被广泛采用。在飞机着陆时,主支点在接触跑道后产生向下的迎面力,在该力作用下机头下沉,迎角和机翼上的升力减小,不可能发生拉飘现象,从而可以采用高效刹车装置,以大大缩短着陆滑跑距离,着陆简单且安全可靠。前三点式起落架飞机在地面运动时,机身处于或接近水平状态,喷气式飞机上发动机的喷流对跑道的影响很小,飞行员视界好。由于前起落架机轮是可操纵的,因而具有良好的方向稳定性,操纵转弯较灵活。

与后三点式起落架相比,前三点式起落架的主支点(前起落架)承载较大,构造复杂,尺寸和质量都较大。另外,当飞机着陆速度较大时,前轮会产生摆振现象,需要设计专门的防摆振装置,这增加了起落架结构的复杂性和质量。

3. 多支点式起落架

多支点式起落架主要用于起飞质量超过 200 t 的重型运输机和旅客机,如起飞质量 206 t 的伊尔 - 86 飞机以及起飞质量 350 t 的美国波音 B747F 和 C - 5A 飞机等。这种型式的起落架整体上可看作是前三点式,其优缺点与前三点式起落架相似。多支柱式起落架通过多点受力减轻各支点上承受的载荷,以避免破坏飞机跑道。

4. 自行车式起落架

自行车式起落架的两个主起落架支柱都布置在机腹纵向对称面上,排列在重心的前、后,在左、右机翼下方飞机重心稍后的位置各布置了辅助轮。前轮是可操纵的,以保证飞机地面运动时的操纵性;辅助轮是为防止飞机在滑行和停放时发生侧倾。自行车式起落架主要用于机翼较薄而难以将起落架收入机翼的飞机上,如上单翼的轰炸机或运输机。目前,仅有少数飞机上采用了自行车式起落架。在飞机达到起飞速度时,由于水平尾翼尚未达到必要的效率,在主支柱距离重心较远的情况下,无法保证飞机对重心的俯仰平衡,或无法保证飞机的起飞迎角。为使飞机达到起飞迎角,需要依靠专门措施,例如在起飞滑跑时伸长前起落架支柱长度或缩短后起落架支柱长度;起飞滑跑时不易离地而使起飞滑跑距离增大;另外,不能采用主轮刹车的方法,而必须采用转向操纵机构实现地面转弯等。

4.4.4　起落架的结构型式

起落架主要由支柱、减震缓冲器、机轮及支撑与收放机构等部件组成。支柱用于安装机轮并将起落架连接到飞机机体的结构上;减震缓冲器用于吸收并耗散飞机着陆滑行和刹车时的能量;机轮则用于飞机在地面上运动。根据承受和传递载荷的方式,即结构受力形式,起落架结构可分为桁架式、撑杆式、混合式和多轮小车式四种形式。

1. 桁架式起落架

桁架式起落架由空间杆系组成的桁架结构和机轮组成,它通过承力构架将机轮与机翼或机身铰接相连。桁架中的杆只能承受沿各自的轴线方向的拉压载荷,不能承受弯矩,典型的桁架式结构为锥形架结构。该类型起落架构造简单,质量较轻,但不易收放。因此,桁架式起落架在过去的轻型低速飞机上用得很广泛,起落架一般也不收放。

2. 撑杆式起落架

撑杆式起落架由承受垂直载荷的支柱和承受横向载荷的撑杆组成,具体包括受力支柱、减震器、扭力臂、支撑杆系、机轮和刹车系统等。根据支柱梁的受载方式,起落架可分为支柱式、摇臂式和半摇臂式等形式。支柱式起落架的支柱和减震缓冲器合二为一,机轮安装在减震缓冲器的活塞杆上;摇臂式起落架的支柱和减震缓冲器分离,机轮安装在摇臂上;半摇臂式起落架的支柱和减震缓冲器合二为一,但机轮安装在摇臂上。

(1) 支柱式起落架

如图 4.12 所示,支柱式起落架的减震缓冲支柱上端与机体结构相连,下端与机轮相连,支柱本身承受轴向压力、弯曲和扭矩。这种型式的起落架结构简单紧凑,传力直接,具有较好的抗压抗弯、抗扭的综合性能,质量较轻,容易收藏。但是,由于其机轮通过轮轴或轮叉直接与减震支柱相连,因而不能很好地吸收来自前方的撞击。支柱式起落架常用于起落架高度较高、使用道面较好和前方撞击较小的飞机上,多被用作主起落架。

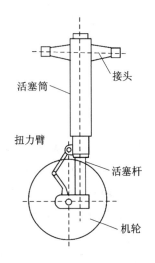

图 4.12　简单支柱式起落架结构

(2) 摇臂式起落架

如图 4.13 所示,摇臂式起落架增加了上连支柱、中间连接减震缓冲器和下连机轮轮轴的摇臂,机轮可随摇臂上、下移动。该类型起落架对垂直撞击、水平撞击和刹车等都有减震能力,使飞机在地面滑跑时更平稳,改善了起落架的受力性能。但是,由于摇臂受力大且复杂,协调关系多,接头较多且受力较大,构造和工艺复杂。所以,摇臂式起落架一般适用于起落架高度较小、着陆速度较大或使用跑道较差的飞机,在前起落架上用得较多,通常不宜使用在重型飞机上。

(3) 半摇臂式起落架

如图 4.14 所示,半摇臂式起落架的支柱与减震缓冲器合二为一,在减震缓冲器下方用万向铰与摇臂相连,减震缓冲器支柱的外筒上固定旋转臂,其下部通过连杆与摇杆连接。半摇臂式起落架的减震缓冲器受部分起落架横向力作用,也即它可能受压缩、弯曲和扭转,同时对前方冲击有缓冲作用。

3. 混合式起落架

混合式起落架由支柱、多根斜撑杆和横梁等构件组成,撑杆铰接在机体结构上,是桁架式和梁架式的混合结构。支柱承受剪切、压缩、弯矩和扭矩等多种载荷,撑杆只承受轴向载荷,撑杆两端固定在支柱和横梁上,既能承受轴向力,又能承受弯矩,因此大大提高了支柱的刚度,避免了摆振现象的发生。

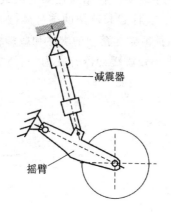

图 4.13　摇臂式起落架

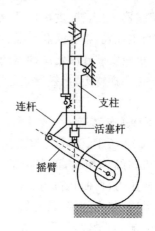

图 4.14　半摇臂式起落架

4. 多轮小车式起落架

多轮式起落架由车架、减震支柱、拉杆、阻尼器、轮架及轮组等组成,一般用于质量大的运输机和客机,采用多个尺寸小的机轮取代单个大机轮,减小了收藏空间,在一个轮胎损坏时可以保证飞机的安全。

第 5 章　飞机结构分析的力学基础

结构力学是经典力学的重要组成部分,是固体力学的重要分支之一,其主要的研究对象为结构件在外载荷作用下的形变、受力与传力规律。在结构力学的研究中,常常涉及结构元件在外载荷作用下的形变和位移,为了分析结构元件外力与应力的关系、应力与应变的关系及应变与位移的关系,需要掌握弹性理论(弹性力学)的基本规律作为学习的基础。弹性力学基于连续性假设与弹性变形假设,发展出两种基本的经典研究方法,一为矢量力学法,一为能量法。

矢量力学法是弹性力学、固体力学及理论力学的基本方法。特别是在弹性力学中,矢量力学方法基于牛顿运动定律描述物体的外力平衡,表示外力与应力之间的关系;采用广义胡克定律描述物体的本构特性,获得应力与应变的关系;采用随体拉格朗日坐标描述质点的位移,获得应变与位移之间的关系。加之相应的边界条件,构成了弹性力学中的矢量力学方法体系。

能量法则以质点系为研究对象,用广义坐标来描述整个力学系统的位形,着眼于能量概念而非力的概念,因而在力学系统受到理想约束时可以在不考虑约束力的情况下解决系统的运动问题。能量法利用能量原理和变分原理,根据弹性体,特别是线弹性体的性质,建立泛函条件极值问题的能量格式或变分格式,通过求解系统变形能或余能获得应力与应变关系及几何表达式,边界条件则通过外力所做的功得以体现。

此两种方法作为弹性理论中常用的基本方法,在求解具体问题中各有优缺点。本章基于"理论力学"和"材料力学"等课程,对矢量力学法和能量法展开论述,作为后续章节的基础知识。

5.1　矢量力学法

矢量力学法通过弹性力学的基本方程研究弹性体的应力、应变及形变和位移之间的关系。在矢量力学中,对于理想弹性体通常存在以下的基本假设:

(1)弹性假设:假设物体具有弹性,物体的形变与加载在物体上的载荷存在一一对应的单值函数关系,且当载荷卸去后,弹性体恢复其初始的形状和尺寸,不存在任何残余变形。

(2)均匀性假设:假设物体具有均匀性,即物体是由同种材料组成的,其内部任何部分的材料性质均完全相同。

(3)连续体假设:认为物体具有连续性,组成物体的物质不留空隙地充满了物体的全部体积,且物体在变形过程中仍保持连续性,不出现空隙或重叠现象。

（4）各向同性假设：假设物体具有各向同性，即物体内每一点的性质在各个方向都相同，弹性常数等也不随方向而变化。

若一个弹性问题既满足理想弹性体的以上假设，又满足以下假设，则称为线弹性问题：

（1）完全弹性假设：假设物体是完全弹性的，也就是假定物体的变形完全服从胡克定律，即应变与引起应变的那个应力分量成正比例关系。反映这种比例关系的常数，称为弹性常数，弹性常数不随应力或应变分量的大小和方向而变化。

（2）小变形假设：假设位移和形变均是微小的。也就是说：物体在受力后，其位移远小于物体本身的尺寸，其应变和转角都远小于 1。基于此假设，在建立物体产生变形后的平衡方程时，可以认为物体变形前后的尺寸不变而不致引起显著的误差；同时，在考察物体的变形和位移规律时，应变和转角的二次幂或乘积项均可认为是二阶小量而忽略不计。

5.1.1　平衡方程

基于连续性假设，在笛卡尔直角坐标系中通过物体内部的任何一点 P，取一个微小的直平行六面体（称为微元体），它的六个面与坐标轴相垂直，其棱边的长度分别为 $PA = \mathrm{d}x, PB = \mathrm{d}y, PC = \mathrm{d}z$，如图 5.1 所示。微元体在应力和体积力分量（图中没有给出）的作用下处于平衡状态。作用于物体边界的表面力，虽然对内部应力系统产生影响，但是并不直接出现在平衡方程中。

通过建立各个面上的应力平衡关系，获得平衡方程，以产生弹性体的内力与所承受外载荷之间的关系。各面上的应力可通过以下推导得到。

通常情况下，假设没有均布应力，尽管元素对立面上的正应力和剪切应力大小不相等，但差别不是很大。如果假设作用于 x 平面（六面体的后面）的正应力为

$$\sigma_x = f(x, y, z) \tag{5.1}$$

则作用于 $x + \mathrm{d}x$ 平面（六面体的前面）上，由于坐标轴 x 得到增量，因此该面上的正应力为

$$\sigma'_x = f(x + \mathrm{d}x, y, z) \tag{5.2}$$

将上式进行泰勒级数展开：

$$f(x + \mathrm{d}x, y, z) = f(x, y, z) + \frac{\partial f(x, y, z)}{\partial x} + \frac{1}{1 \times 2} x \frac{\partial^2 f(x, y, z)}{\partial^2 x} (\mathrm{d}x^2) \tag{5.3}$$

略去含有一阶以上的高阶微量的所有项，则有

$$\sigma'_x = \sigma_x + \frac{\partial \sigma_x}{\partial x} \mathrm{d}x \tag{5.4}$$

在 x 方向上的力的平衡关系为

$$\sum F_x = 0 \tag{5.5}$$

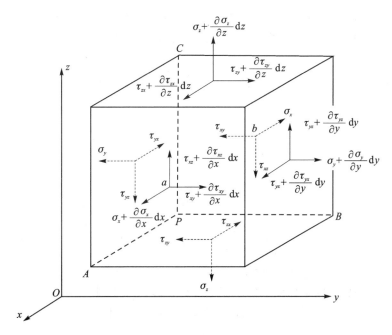

图 5.1　弹性体中某一点处的微元体各个面上的应力

式中, F_x 为微元体在 x 方向上的合力, 即

$$(\sigma'_x \, \mathrm{d}y\,\mathrm{d}z - \sigma_x \, \mathrm{d}y\,\mathrm{d}z) + (\tau'_{yx} \, \mathrm{d}x\,\mathrm{d}z - \tau_{yx} \, \mathrm{d}x\,\mathrm{d}z) +$$
$$(\tau'_{zx} \, \mathrm{d}x\,\mathrm{d}y - \tau_{zx} \, \mathrm{d}x\,\mathrm{d}y) + X \, \mathrm{d}x\,\mathrm{d}y\,\mathrm{d}z = 0 \tag{5.6}$$

式中, X 为 P 点单位体积内所受的体积力在 x 方向上的分量, 根据图 5.1 的受力分析, 方程 (5.6) 计算得

$$\frac{\partial \sigma_x}{\partial x} \mathrm{d}x\,\mathrm{d}y\,\mathrm{d}z + \frac{\partial \tau_{yx}}{\partial y} \mathrm{d}y\,\mathrm{d}x\,\mathrm{d}z + \frac{\partial \tau_{zx}}{\partial z} \mathrm{d}z\,\mathrm{d}x\,\mathrm{d}y + X \, \mathrm{d}x\,\mathrm{d}y\,\mathrm{d}z = 0 \tag{5.7}$$

进一步简化可得

$$\frac{\partial \sigma_x}{\partial x} + \frac{\partial \tau_{yx}}{\partial y} + \frac{\partial \tau_{zx}}{\partial z} + X = 0 \tag{5.8}$$

对过微元体中心与 x 轴平行的轴取力矩, 力矩平衡关系为

$$\sum M_x = 0 \tag{5.9}$$

即

$$\left(\tau_{zy} + \frac{\partial \tau_{zy}}{\partial z} \mathrm{d}z\right) \mathrm{d}x\,\mathrm{d}y \, \frac{\mathrm{d}z}{2} + \tau_{zy} \, \mathrm{d}x\,\mathrm{d}y \, \frac{\mathrm{d}z}{2} -$$
$$\left(\tau_{yz} + \frac{\partial \tau_{yz}}{\partial y} \mathrm{d}y\right) \mathrm{d}x\,\mathrm{d}z \, \frac{\mathrm{d}y}{2} - \tau_{yz} \, \mathrm{d}x\,\mathrm{d}z \, \frac{\mathrm{d}y}{2} = 0 \tag{5.10}$$

可简化为

$$\tau_{zy} \, \mathrm{d}x\,\mathrm{d}y\,\mathrm{d}z + \frac{\partial \tau_{zy}}{\partial z} \mathrm{d}x\,\mathrm{d}y \, \frac{(\mathrm{d}z)^2}{2} - \tau_{yz} \, \mathrm{d}x\,\mathrm{d}y\,\mathrm{d}z - \frac{\partial \tau_{yz}}{\partial y} \mathrm{d}x\,\mathrm{d}z \, \frac{(\mathrm{d}y)^2}{2} = 0 \tag{5.11}$$

等式两边同时除以 $\mathrm{d}x\mathrm{d}y\mathrm{d}z$，并取 $\mathrm{d}y$ 和 $\mathrm{d}z$ 为趋近与零的极限，则 $\tau_{yz}=\tau_{zy}$。

其他方向上的应力以此类推，可得到其他的应力分量。通过建立六面体的平衡方程，即

$$\sum F_x = 0, \quad \sum F_y = 0, \quad \sum F_z = 0, \quad \sum M_x = 0, \quad \sum M_y = 0, \quad \sum M_z = 0$$
(5.12)

得到

$$\begin{cases} \dfrac{\partial \sigma_x}{\partial x} + \dfrac{\partial \tau_{yx}}{\partial y} + \dfrac{\partial \tau_{zx}}{\partial z} + X = 0 \\[2mm] \dfrac{\partial \sigma_y}{\partial y} + \dfrac{\partial \tau_{zy}}{\partial z} + \dfrac{\partial \tau_{xy}}{\partial x} + Y = 0 \\[2mm] \dfrac{\partial \sigma_z}{\partial z} + \dfrac{\partial \tau_{xz}}{\partial x} + \dfrac{\partial \tau_{yz}}{\partial y} + Z = 0 \end{cases}$$
(5.13)

$$\tau_{yz} = \tau_{zy}, \quad \tau_{zx} = \tau_{xz}, \quad \tau_{xy} = \tau_{yx}$$
(5.14)

式中，X、Y、Z 是 P 点单位体积内的体积力在 x、y、z 方向上的分量。由上述计算推导的结果可以看到，作用于给定平面的剪应力，总是在其作用平面上出现大小相等、几何互余的剪应力。

在三维受力系统下，弹性体上的每一个内点必须满足以上平衡方程。对于大多数飞机结构来说，一般由薄金属板制造，因此金属薄板在厚度方向的应力通常可以忽略。若以 z 轴方向为厚度方向，则上述三维受力情况简化为二维施力系统，其中 σ_z，τ_{xz}，τ_{yz} 均为零。这种简化后的情况称之为平面应力；其平衡方程 简化为

$$\begin{cases} \dfrac{\partial \sigma_x}{\partial x} + \dfrac{\partial \tau_{yx}}{\partial y} + X = 0 \\[2mm] \dfrac{\partial \sigma_y}{\partial y} + \dfrac{\partial \tau_{xy}}{\partial x} + Y = 0 \end{cases}$$
(5.15)

5.1.2 应 变

在弹性体中，外力和内力引起线性位移和角位移，这些移动我们用应变来表示。纵向应变或正应变与主应力有关，涉及到长度的变化，而剪应变定义为：由剪应力所产生的夹角方面的变化，一般用 ε 和 γ 分别表示。基于几何定律，我们可以通过几何方程研究弹性体在外载荷作用下变形前后的位置关系，即弹性体位移和应变之间的关系。弹性体在外载荷作用下，各点将发生位移，而位移的大小和方向因为点的位置不同而不同，因而位移是所在点坐标的函数，即

$$\begin{cases} u = u(x, y, z) \\ v = v(x, y, z) \\ w = w(x, y, z) \end{cases}$$
(5.16)

考虑直角坐标系中弹性体内部的一个微小六面体（微元体），其各点的法线分别与坐

标轴 x、y、z 的方向一致(直平行六面体)。微元体在 xy 平面内的投影为长方形 $PABC$,变形后的位置为 $P'A'B'C'$,如图 5.2 所示。

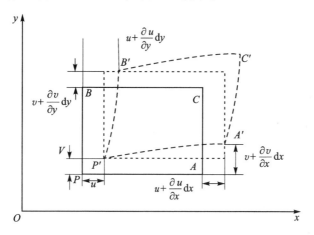

图 5.2　物体元素的位移

设 P 点在 x 和 y 方向的位移分量为 u、v,由于 u、v 随点所在的位置而变化,可利用泰勒级数在 P 点进行展开,根据小变形假设,略去二阶及以上小量,则 A 点在 x 和 y 两个方向的位移可以分别写为

$$u + \frac{\partial u}{\partial x}\mathrm{d}x \tag{5.17}$$

$$v + \frac{\partial v}{\partial x}\mathrm{d}x \tag{5.18}$$

因此,$P'A'$ 在 x 轴上的投影长度为 $\mathrm{d}x + \dfrac{\partial u}{\partial x}$,在 y 轴上的投影长度为 $\dfrac{\partial v}{\partial x}\mathrm{d}x$,满足勾股定理,$P'A'$ 的长度可表示为

$$P'A' = \left[\left(\mathrm{d}x + \frac{\partial u}{\partial x}\mathrm{d}x\right)^2 + \left(\frac{\partial v}{\partial x}\mathrm{d}x\right)^2\right]^{1/2} \tag{5.19}$$

现在我们定义定量术语正应变(或纵向应变),如果物体上某一点的线段 L 的长度变化量为 δL,则在线微元方向上,物体在这一点的纵向应变为

$$\varepsilon = \lim_{L \to 0} \frac{\delta L}{L} \tag{5.20}$$

由于 x 方向上的正应变可表示为

$$\varepsilon_x = \frac{P'A' - PA}{PA} \tag{5.21}$$

则有

$$P'A' = (1 + \varepsilon_x)PA = (1 + \varepsilon_x)\mathrm{d}x \tag{5.22}$$

将式(5.22)代入式(5.19),得

$$2\varepsilon_x + \varepsilon_x^2 = 2\frac{\partial u}{\partial x} + \left(\frac{\partial u}{\partial x}\right)^2 + \left(\frac{\partial v}{\partial x}\right)^2 \tag{5.23}$$

略去二阶小量可得

$$\varepsilon_x = \frac{\partial u}{\partial x} \tag{5.24}$$

其他方向上的分量同理可求,于是得到

$$\varepsilon_x = \frac{\partial u}{\partial x}, \quad \varepsilon_y = \frac{\partial v}{\partial y}, \quad \varepsilon_z = \frac{\partial w}{\partial z} \tag{5.25}$$

由此可见,弹性体上某一点的剪应变(根据 GB3102.3—1993《力学的量和单位》规定,shear strain 规定名称为切应变,但在我国航空工业系统结构强度专业,仍习惯称剪应变)被定义为两条互相垂直直线夹角的变化。

由剪应变的定义有

$$\alpha = \frac{\partial v}{\partial x}, \quad \beta = \frac{\partial u}{\partial y}, \quad \gamma_{xy} = \alpha + \beta \tag{5.26}$$

同理可得

$$\gamma_{xy} = \frac{\partial v}{\partial x} + \frac{\partial u}{\partial y}, \quad \gamma_{yx} = \frac{\partial w}{\partial y} + \frac{\partial v}{\partial z}, \quad \gamma_{zx} = \frac{\partial u}{\partial z} + \frac{\partial w}{\partial x} \tag{5.27}$$

应该强调的是,方程(5.25)和方程(5.27)的推导是基于所涉及的位移比较小这一假设。通常情况下,大多数的结构的弹性问题均适用这些线性方程,但对于变形较大的情境,如悬缆等,必须参照其他弹性理论书籍中给出的完整的、非线性的涉及大变形的方程形式。

5.1.3　相容性方程

在之前的内容中,我们依据点的位移分量表达了弹性体某一点的应变分量,应该注意到这些表达的前提是假设了物体在变形过程中是连续而不留空隙的,也就是基于连续体假设。由此可见,由于弹性体是连续的,变形后仍然保持连续,因此位移分量 u、v、w 必须是连续的单值函数。由几何方程可知,六个应变分量是由三个位移分量决定的,因此,六个应变分量之间必然存在一定的关系,才能保证 u、v、w 是 x、y、z 的连续函数。假如变形过程中产生了空隙,那么在被空隙分隔的物体的不同区域内,位移就必须由不同的关于坐标的函数表达。因此,三个位移分量单值函数的存在,正是位移连续性或协调性的表现。

由于六个应变是从三个位移函数的角度来定义的,所以它们之间必定存在某种联系而非任意取值。以 γ_{xy} 为例,将方程(5.27)中的 γ_{xy} 对 x 和 y 求微分,得到以下关系式:

$$\frac{\partial^2 \gamma_{xy}}{\partial x \partial y} = \frac{\partial^2}{\partial x \partial y}\frac{\partial v}{\partial x} + \frac{\partial^2}{\partial x \partial y}\frac{\partial u}{\partial y} \tag{5.28}$$

根据方程(5.25),可将上式写作

$$\frac{\partial^2 \gamma_{xy}}{\partial x \partial y} = \frac{\partial^2 \varepsilon_y}{\partial x^2} + \frac{\partial^2 \varepsilon_x}{\partial y^2} \tag{5.29}$$

以此类推,可获得六个应变分量之间的关系,称之为形变连续方程(协调方程)。

$$\frac{\partial^2 \varepsilon_y}{\partial x^2} + \frac{\partial^2 \varepsilon_x}{\partial y^2} = \frac{\partial^2 \gamma_{xy}}{\partial x \partial y}, \quad \frac{\partial^2 \varepsilon_z}{\partial y^2} + \frac{\partial^2 \varepsilon_y}{\partial z^2} = \frac{\partial^2 \gamma_{yz}}{\partial y \partial z}, \quad \frac{\partial^2 \varepsilon_x}{\partial z^2} + \frac{\partial^2 \varepsilon_z}{\partial x^2} = \frac{\partial^2 \gamma_{zx}}{\partial z \partial x} \tag{5.30}$$

对 γ_{xy} 关于 x 和 z 求微分,联系对 γ_{zx} 关于 y 和 x 求微分的结果,得到

$$\frac{\partial^2 \gamma_{xy}}{\partial x \partial z} + \frac{\partial^2 \gamma_{xz}}{\partial y \partial x} = \frac{\partial^2}{\partial x \partial z}\left(\frac{\partial v}{\partial x} + \frac{\partial u}{\partial y}\right) + \frac{\partial^2}{\partial y \partial x}\left(\frac{\partial w}{\partial x} + \frac{\partial u}{\partial z}\right) \tag{5.31}$$

或

$$\frac{\partial}{\partial x}\left(\frac{\partial \gamma_{xy}}{\partial z} + \frac{\partial \gamma_{xz}}{\partial y}\right) = \frac{\partial^2}{\partial z \partial y}\frac{\partial u}{\partial x} + \frac{\partial^2}{\partial x^2}\left(\frac{\partial v}{\partial z} + \frac{\partial w}{\partial y}\right) + \frac{\partial^2}{\partial y \partial z}\frac{\partial u}{\partial x} \tag{5.32}$$

将方程(5.25)和(5.29)带入上式,可以整理得到

$$\frac{\partial^2 \varepsilon_x}{\partial y \partial z} = \frac{1}{2}\frac{\partial}{\partial x}\left(\frac{\partial \gamma_{xy}}{\partial z} + \frac{\partial \gamma_{zx}}{\partial y} - \frac{\partial \gamma_{yz}}{\partial x}\right) \tag{5.33}$$

同理,可以整理得

$$\frac{\partial^2 \varepsilon_y}{\partial z \partial x} = \frac{1}{2}\frac{\partial}{\partial y}\left(\frac{\partial \gamma_{yz}}{\partial x} + \frac{\partial \gamma_{xy}}{\partial z} - \frac{\partial \gamma_{zx}}{\partial y}\right) \tag{5.34}$$

及

$$\frac{\partial^2 \varepsilon_z}{\partial x \partial y} = \frac{1}{2}\frac{\partial}{\partial z}\left(\frac{\partial \gamma_{zx}}{\partial y} + \frac{\partial \gamma_{yz}}{\partial x} - \frac{\partial \gamma_{xy}}{\partial z}\right) \tag{5.35}$$

方程(5.30)和方程(5.33)~方程(5.35)是六个应变相容性表达式,必须能够解决弹性形变中的三维问题。

然而,针对二维施力系统的应变状态下质点在平面上仅有位移,即平面应变。假设此平面为 xy 平面,则 ε_z,γ_{yz},γ_{xz} 的值为零,方程(5.25)和方程(5.27)简化为

$$\varepsilon_x = \frac{\partial u}{\partial x}, \quad \varepsilon_y = \frac{\partial v}{\partial y} \tag{5.36}$$

和

$$\gamma_{xy} = \frac{\partial v}{\partial x} + \frac{\partial u}{\partial y} \tag{5.37}$$

此外,在平面应变中,由于厚度方向不存在,$\varepsilon_z = \gamma_{yz} = \gamma_{xz} = 0$,相容性表达式仅剩方程(5.29),即

$$\frac{\partial^2 \gamma_{xy}}{\partial x \partial y} = \frac{\partial^2 \varepsilon_y}{\partial x^2} + \frac{\partial^2 \varepsilon_x}{\partial y^2}$$

是二维情况或平面应变状态下唯一的相容性方程。

5.1.4　应力与应变的关系

在前面几节的内容中,我们分析研究了三维可变形体的三个平衡方程和六个应

变—位移关系式(几何方程),并推导出六个与应变关联的辅助式(相容性表达式)。这些形变连续性方程的表达式,是开展弹性变形分析研究的必要条件。到目前为止,为求解弹性体三维应力问题,已经获得了九个独立方程。这些方程中包含了六个应力、六个应变及三个位移共十五个未知量,因此必须提供另外六个独立的表达式,方能求解三维应力问题。

值得注意的是,在推导平衡方程、几何方程及相容性表达式的过程中,并不需要知道任何与材料性质有关的假设和定律。因而可以判断,无论受力情况如何复杂,这些基本方程适用于任何连续可变性体,是一系列通用的基本规律。

在这里,我们利用广义胡克定律(所谓的物理方程)研究弹性体应力与应变之间的关系。

试验表明,对物体施加均布正应力,不会使材料发生任何剪应变,例如只受单向正应力 σ_x 时,正应变 ε_x 的计算表达式为

$$\varepsilon_x = \frac{\sigma_x}{E} \tag{5.38}$$

式中,E 为常量,称之为弹性模量或杨氏模量。方程(5.38)是胡克(Hooke)定律的表达式。此外,伴随着正应变还有横向应变

$$\varepsilon_y = \varepsilon_z = -\mu \frac{\sigma_x}{E} \tag{5.39}$$

式中,μ 为常量,称之为泊松(Poisson)比。此状态下剪应力为零,无剪应变。

$$\gamma_{xy} = \gamma_{yz} = \gamma_{zx} = 0 \tag{5.40}$$

只受剪应力时,无正应变,以 xy 平面受剪应力 τ_{xy} 为例,有

$$\varepsilon_x = \varepsilon_y = \varepsilon_z = 0 \tag{5.41}$$

$$\gamma_{yz} = \gamma_{zx} = 0 \tag{5.42}$$

剪应变的表达式为

$$\gamma_{xy} = \frac{\tau_{xy}}{G} \tag{5.43}$$

式中,G 为常量,被称为为剪切模量,其表达式为

$$G = \frac{2(1+\mu)}{E} \tag{5.44}$$

三维应力状态下,各向同性的弹性体中,对于受到 σ_x、σ_y 和 σ_z 的物体,正应变符合叠加原理,可根据方程(5.38)和方程(5.39)获得

$$\begin{cases} \varepsilon_x = \frac{1}{E}\left[\sigma_x - \mu(\sigma_y + \sigma_z)\right] \\ \varepsilon_y = \frac{1}{E}\left[\sigma_y - \mu(\sigma_x + \sigma_z)\right] \\ \varepsilon_z = \frac{1}{E}\left[\sigma_z - \mu(\sigma_x + \sigma_y)\right] \end{cases} \tag{5.45}$$

剪应变表达式如下：

$$\begin{cases} \gamma_{xy} = \dfrac{\tau_{xy}}{G} = \dfrac{2(1+\mu)}{E}\tau_{xy} \\[3mm] \gamma_{yz} = \dfrac{\tau_{yz}}{G} = \dfrac{2(1+\mu)}{E}\tau_{yz} \\[3mm] \gamma_{zx} = \dfrac{\tau_{zx}}{G} = \dfrac{2(1+\mu)}{E}\tau_{zx} \end{cases} \tag{5.46}$$

通过移项，也可将方程(5.45)和方程(5.46)转换为用应变表示应力的形式，即

$$\begin{cases} \sigma_x = \dfrac{\mu E}{(1+\mu)(1-2\mu)}e + \dfrac{E}{1+\mu}\varepsilon_x \\[3mm] \sigma_y = \dfrac{\mu E}{(1+\mu)(1-2\mu)}e + \dfrac{E}{1+\mu}\varepsilon_y \\[3mm] \sigma_z = \dfrac{\mu E}{(1+\mu)(1-2\mu)}e + \dfrac{E}{1+\mu}\varepsilon_z \end{cases} \tag{5.47}$$

$$\begin{cases} \tau_{xy} = G\gamma_{xy} = \dfrac{E}{2(1+\mu)}\gamma_{xy} \\[3mm] \tau_{yz} = G\gamma_{yz} = \dfrac{E}{2(1+\mu)}\gamma_{yz} \\[3mm] \tau_{zx} = G\gamma_{zx} = \dfrac{E}{2(1+\mu)}\gamma_{zx} \end{cases} \tag{5.48}$$

式中，$e = \varepsilon_x + \varepsilon_y + \varepsilon_z$，为第一应变不变量，其物理意义是物体的体积应变(体积变化/单位容积)。假设在平面(xy 平面)应力状态下，σ_z 为零，方程(5.47)简化为

$$\begin{cases} \sigma_x = \dfrac{E}{1-\mu^2}(\varepsilon_x + \mu\varepsilon_y) \\[3mm] \sigma_y = \dfrac{E}{1-\mu^2}(\varepsilon_y + \mu\varepsilon_x) \end{cases} \tag{5.49}$$

方程(5.45)和方程(5.46)提供了三维弹性力学十五个未知量问题的求解中所需的另外六个独立表达式。但应注意的是，这些方程适用于具有各向同性的线弹性物体。

5.1.5　边界条件

物体内任一点满足平衡方程(5.13)，同时，平衡也必须在边界上任何位置得到满足。假定已知物体内任一点 P 的六个应力分量 σ_x、σ_y、σ_z、τ_{xy}、τ_{yz}、τ_{zx}，则可求出经过 P 点的任一斜面上的应力。在 P 点附近取平面 ABC，并与经过点 P 且平行于坐标轴的三个平面形成一个微小的四面体 $PABC$，如图 5.3 所示。

当平面 ABC 无限趋近于点 P 时，平面 ABC 上的应力可作为 P 点在该斜面上的应力。令平面 ABC 的外法线为 N，则其与 x,y,z 轴夹角的方向余弦分别为

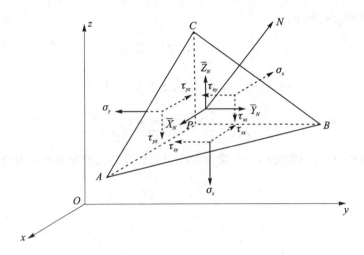

图 5.3　三维物体边界处各个面上的应力

$$\begin{cases} \cos(N,x)=l \\ \cos(N,y)=m \\ \cos(N,z)=n \end{cases} \tag{5.50}$$

根据四面体的平衡条件 $\sum F_x = 0, \sum F_y = 0, \sum F_z = 0$ 得

$$\begin{cases} X_N = l\sigma_x + m\tau_{yx} + n\tau_{zx} \\ Y_N = m\sigma_y + n\tau_{zy} + l\tau_{xy} \\ Z_N = n\sigma_z + l\tau_{xz} + m\tau_{yz} \end{cases} \tag{5.51}$$

式中，X_N、Y_N、Z_N 分别为斜面上的应力分量。

设平面 ABC 上的正应力为 σ_N，则由投影可得

$$\sigma_N = lX_N + mY_N + nZ_N \tag{5.52}$$

若平面 ABC 上的剪应力为 τ_N，由于合应力 S 满足：

$$S_N^2 = \sigma_N^2 + \tau_N^2 = X_N^2 + Y_N^2 + Z_N^2 \tag{5.53}$$

则有

$$\tau_N^2 = X_N^2 + Y_N^2 + Z_N^2 - \sigma_N^2 \tag{5.54}$$

由式(5.52)和式(5.54)可看出，在物体内的任一点，如果已知六个应力分量 σ_x、σ_y、σ_z、τ_{xy}、τ_{yz}、τ_{zx}，就可以求得通过该点任一斜面上的正应力与剪应力。因此，可以说这六个应力分量完全决定了一点的应力状态。

在特殊情况下，如果 ABC 是物体的边界面，则 X_N、Y_N、Z_N 称为面力在 x,y,z 方向上的分量 $\overline{X}$，$\overline{Y}$，$\overline{Z}$，于是由表达式(5.51)得到弹性体的应力边界条件

$$\begin{cases} \overline{X} = l\sigma_x + m\tau_{yx} + n\tau_{xz} \\ \overline{Y} = m\sigma_y + n\tau_{zy} + l\tau_{xy} \\ \overline{Z} = n\sigma_z + l\tau_{xz} + m\tau_{yz} \end{cases} \tag{5.55}$$

对于位移边界问题,假设物体在边界 s 上的位移分量是已知的,即在边界 s 上,有

$$\begin{cases} u_s = \bar{u} \\ v_s = \bar{v} \\ w_s = \bar{w} \end{cases} \tag{5.56}$$

式中,u_s、v_s、w_s 表示边界 s 上的位移分量,$\bar{u}$、$\bar{v}$ 和 $\bar{w}$ 分别为在边界 s 上坐标 x、y、z 的已知函数。

5.2　能　量　法

5.2.1　应变能和余能

在矢量力学法中,我们利用平衡方程和相容性方程以及有关应力-位移或应力-应变的关系来确定弹性体的应力和位移。而结构分析中,能量法是另一种基础但十分重要的方法。该方法不仅可以提供许多结构问题的精确解,而且在不存在精确解而需要快速求解近似解的问题中得到比较广泛的应用。基于能量原理,多数无法利用静力平衡方程进行单独分析的超静定结构,可以使用分能量法进行分析。

当受到一个稳定的载荷时,弹性体受到力的作用并产生变形,根据能量守恒定律,弹性体发生变形时,外力对弹性体所做的功以能量的形式储存在弹性体内,这种变形能通常称为应变能。图 5.4 给出了一个受到稳定载荷 P 的结构杆件,在杆件的剖面将产生均匀的正应力 σ。假设材料是完全弹性的,载荷 P 与变形伸长量的关系以及应力与应变的关系曲线如图 5.4 所示。

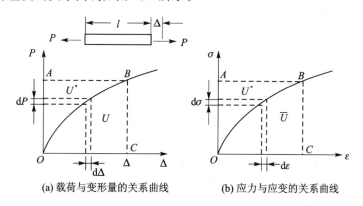

(a) 载荷与变形量的关系曲线　　　(b) 应力与应变的关系曲线

图 5.4　稳定载荷下的应力曲线

当外力由 P 增加到 $P+\mathrm{d}P$ 时,杆的伸长量由 y 增加到 $y+\mathrm{d}y$,外力做功为

$$\mathrm{d}W = P\mathrm{d}y \tag{5.57}$$

由于

$$P = \sigma f, \quad y = \varepsilon l \tag{5.58}$$

于是有

$$dW = fl\sigma d\varepsilon \tag{5.59}$$

因此,当载荷由零缓慢增加到 P 时,杆件伸长量由零增加到 y,此时外力所做的功为可由下式进行计算:

$$W = \int_0^y P \, dy = fl \int_0^\varepsilon \sigma \, d\varepsilon \tag{5.60}$$

基于完全弹性假设,若载荷由 P 缓慢减小到零,弹性体恢复原来的尺寸,则 W 又完全恢复(即杆件对另一物体的反作用力将会做同样大小的功)。因此,可以说,载荷对弹性体所做的功 W 以一种能量的形式储存在弹性杆内,使得弹性杆在变形后拥有了做功的能力。把这种能量定义为变形能或应变能,应变能一般用符号 U 表示:

$$U = W \tag{5.61}$$

$$U = \int_0^y P \, dy = fl \int_0^\varepsilon \sigma \, d\varepsilon \tag{5.62}$$

$$U = \overline{U} fl \tag{5.63}$$

式中,$\overline{U}$ 为弹性杆件单位体积的应变能。显然,应变能表示的是图 5.4 中曲线下方 OBC(曲线与坐标横轴以及过曲线终点所做垂直于横轴直线所围成的平面)的面积。

在特殊情况下,若物体为线弹性体,则有

$$U = \frac{1}{2} Py, \quad \overline{U} = \frac{1}{2}\sigma\varepsilon \tag{5.64}$$

接下来讨论余能,仍以图 5.4 中弹性杆件的变形为例,曲线下方的面积为应变能,而曲线上方 OAB 的面积也同样具有能量的量纲,尽管它没有实际的物理意义,但通常在工程结构中,余能遵守能量守恒定律,其使用是有效的。因此,定义余能 U^* 的表达式为

$$U^* = \int_0^P y \, dP \tag{5.65}$$

$$\overline{U}^* = \int_0^\sigma \varepsilon \, d\sigma \tag{5.66}$$

$$U^* = \overline{U}^* fl \tag{5.67}$$

应该注意的是,余能与应变能不同,它没有实际的物理意义,只是为了使用方便而定义的一个数学量。

但是在线弹性构件中,由于载荷与变形的关系为线性关系,因而应变能与余能的面积相同,在此种情形下,两者可以完全互换。

在线弹性情况下,有

$$\begin{cases} U^* = \dfrac{1}{2} yP \\[2mm] \overline{U}^* = \dfrac{1}{2}\varepsilon\sigma \end{cases} \tag{5.68}$$

把以上结论向三维受力系统中推广,需要进行体积分,可以计算证明:

$$\begin{cases} U = \int_V \overline{U}\, \mathrm{d}V \\ U = \int_V \overline{U}^*\, \mathrm{d}V \end{cases} \tag{5.69}$$

式中,V 表示弹性体体积。其中,

$$\begin{cases} \overline{U} = \int_0^\varepsilon (\sigma_x \mathrm{d}\varepsilon_x + \sigma_y \mathrm{d}\varepsilon_y + \sigma_z \mathrm{d}\varepsilon_z + \tau_{xy} \mathrm{d}\gamma_{xy} + \tau_{yz} \mathrm{d}\gamma_{yz} + \tau_{zx} \mathrm{d}\gamma_{zx}) \\ \overline{U}^* = \int_0^\sigma (\varepsilon_x \mathrm{d}\sigma_x + \varepsilon_y \mathrm{d}\sigma_y + \varepsilon_z \mathrm{d}\sigma_z + \gamma_{xy} \mathrm{d}\tau_{xy} + \gamma_{yz} \mathrm{d}\tau_{yz} + \gamma_{zx} \mathrm{d}\tau_{zx}) \end{cases} \tag{5.70}$$

线弹性情况下,有

$$\begin{cases} \overline{U} = \dfrac{1}{2}(\sigma_x \varepsilon_x + \sigma_y \varepsilon_y + \sigma_z \varepsilon_z + \tau_{xy}\gamma_{xy} + \tau_{yz}\gamma_{yz} + \tau_{zx}\gamma_{zx}) \\ \overline{U}^* = \dfrac{1}{2}(\varepsilon_x \sigma_x + \varepsilon_y \sigma_y + \varepsilon_z \sigma_z + \gamma_{xy}\tau_{xy} + \gamma_{yz}\tau_{yz} + \gamma_{zx}\tau_{zx}) \end{cases} \tag{5.71}$$

5.2.2　能量原理和方法

1. 虚位移原理

虚位移原理提供了一种求解平衡问题的一般方法,是力学中最为基本且应用最为普遍的原理之一。虚位移原理适用于处在平衡状态下的任何系统,包括刚体、弹性体及塑性体。在结构力学分析中,我们一般不考虑作用于刚体上的力,因为在载荷作用下,结构和结构件通常会产生变形。在刚性体中,构件中的每个点具有相同的虚位移,而弹性体中由于相邻质点上的自平衡力所产生的虚功无法抵消,其内力产生的虚功不为零。本节主要对弹性体的虚位移原理进行讨论分析。

所谓"虚位移"是一种假想的、满足变形连续条件和给定的几何约束条件的、任意的微小位移。它必须满足强加于实际位移上的任何运动学的约束条件,在弹性体内部(结构的边界内)虚位移必须是连续的,即虚位移引起的应变必须满足协调方程。

虚位移原理应用到弹性系统时,可以这样来表述:如弹性系统在外力作用下处于平衡状态,则给这物体各点以虚位移时,外力和内力所做虚功之和必等于零。也可以这么表述:任何从协调的变形状态 u 出发的虚位移 δu,如果能使外力虚功 δW 等于虚应变能 δU,则弹性结构在给定的载荷作用下处于平衡状态。

应用虚位移原理时,物体所受的所有外力在虚位移过程中都认为是常量。基于以上描述,接下来介绍如何通过基本方程推导虚位移原理的方法。

将平衡方程(5.13)中三个方向的表达式两边分别乘以虚位移 δu、δv 和 δw,并对结构的全部体积上进行三重积分运算,将所得的三个积分式相加后获得如下表达式:

$$\int_V \left(\frac{\partial \sigma_x}{\partial x} + \frac{\partial \tau_{xy}}{\partial y} + \frac{\partial \tau_{zx}}{\partial z} + X \right) \delta u\, \mathrm{d}V +$$

$$\int_v \left(\frac{\partial \sigma_y}{\partial y} + \frac{\partial \tau_{zy}}{\partial z} + \frac{\partial \tau_{xy}}{\partial x} + Y \right) \delta v \, \mathrm{d}V +$$

$$\int_V \left(\frac{\partial \sigma_z}{\partial z} + \frac{\partial \tau_{xz}}{\partial x} + \frac{\partial \tau_{yz}}{\partial y} + Z \right) \delta w \, \mathrm{d}V = 0 \tag{5.72}$$

我们运用高等数学的基本知识,利用格林恒等式对方程(5.72)进行变换,把上式中的应力分量函数 $\sigma(\sigma_x, \sigma_y, \sigma_z, \tau_{xy}, \tau_{yz}, \tau_x)$ 看作格林恒等式中的 ϕ 函数,虚位移 $\delta u, \delta v, \delta w$ 作为式中 $\frac{\partial \psi}{\partial i}(i = x, y, z)$,则依据格林恒等式,方程(5.72)可改写为

$$\int_S (l\sigma_x + m\tau_{xy} + n\tau_{xz}) \delta u \, \mathrm{d}S + \int_V X \delta u \, \mathrm{d}V - \int_V \left(\sigma_x \frac{\partial \delta u}{\partial x} + \tau_{yx} \frac{\partial \delta u}{\partial y} + \tau_{zx} \frac{\partial \delta u}{\partial z} \right) \mathrm{d}V +$$

$$\int_S (m\sigma_y + n\tau_{yz} + l\tau_{yx}) \delta u \, \mathrm{d}S + \int_V Y \delta v \, \mathrm{d}V - \int_V \left(\tau_{yx} \frac{\partial \delta v}{\partial x} + \sigma_y \frac{\partial \delta v}{\partial y} + \tau_{yz} \frac{\partial \delta v}{\partial z} \right) \mathrm{d}V +$$

$$\int_S (n\sigma_z + l\tau_{zx} + m\tau_{zy}) \delta u \, \mathrm{d}S + \int_V Z \delta w \, \mathrm{d}V - \int_V \left(\tau_{zx} \frac{\partial \delta w}{\partial x} + \tau_{zy} \frac{\partial \delta w}{\partial y} + \sigma_z \frac{\partial \delta w}{\partial z} \right) \mathrm{d}V = 0$$

$$\tag{5.73}$$

考虑到虚位移是连续的,$\delta u(\delta v, \delta w)$ 为连续函数,同时考虑前文所推导的力的边界条件表达式(5.55)以及 $\frac{\partial \delta u}{\partial x} = \delta \frac{\partial u}{\partial x}$,$\tau_{ij} = \tau_{ji}$ 等条件,方程(5.73)可进一步改写为

$$\int_S (\overline{X}\delta u + \overline{Y}\delta v + \overline{Z}\delta w) \, \mathrm{d}S + \int_V (X\delta u + Y\delta v + Z\delta w) \, \mathrm{d}V =$$

$$\int_V (\sigma_x \delta \varepsilon_x + \sigma_y \delta \varepsilon_y + \sigma_z \delta \varepsilon_z + \tau_{xy} \delta \gamma_{xy} + \tau_{yz} \delta \gamma_{yz} + \tau_{zx} \delta \gamma_{zx}) \, \mathrm{d}V \tag{5.74}$$

于是有

$$\delta W = \delta U \tag{5.75}$$

式中,δW 是表面载荷 $\overline{X}$ 和体积力 X 在虚位移上所做虚功的总和,δU 则是满足与体积力 X 和外力 P 平衡条件下的应力分量在应变上所做虚功的总和(即虚应变能)。方程(5.75)所代表的虚功原理同样适用于几何非线性的情况,只要在计算应变能时采用非线性的(包括高阶项在内的)位移—应变关系,并在变形后的结构位形上建立平衡方程就可以了。

2. 总势能驻值原理

我们首先定义一个弹性系统总势能 Π,是弹性系统的外力势能和应变能之和,即

$$\Pi = V + U \tag{5.76}$$

定义外力势能 V

$$V = - \left(\int_V \{X\}^{\mathrm{T}} \{u\} \, \mathrm{d}V + \int_s \{\overline{X}\}^{\mathrm{T}} \{u\} \, \mathrm{d}S \right) \tag{5.77}$$

下面由虚位移原理导出最小总势能驻值原理。根据虚位移的概念,$\{X\}^{\mathrm{T}}$ 和 $\{\overline{X}\}^{\mathrm{T}}$ 均视为常数。于是,外力势能的一阶变分为

$$\delta V = -\left(\int_v \{X\}^{\mathrm{T}} \{\delta u\} \mathrm{d}V + \int_s - \{\overline{X}\}^{\mathrm{T}} \{\delta u\} \mathrm{d}S \right) \tag{5.78}$$

由于系统的外力虚功为

$$\delta W = \int_V \{X\}^{\mathrm{T}} \{\delta u\} \mathrm{d}V + \int_s \{\overline{X}\}^{\mathrm{T}} \{\delta u\} \mathrm{d}S \tag{5.79}$$

当系统处于平衡状态时,由虚位移原理,得

$$\delta U + \delta V = 0 \tag{5.80}$$

上式又可写为

$$\delta(U + V) = 0 \tag{5.81}$$

根据总势能的定义,有

$$\delta \Pi = 0 \tag{5.82}$$

从数学意义上说,这表示总势能有驻值。因此可以描述总势能驻值原理:在外力作用下,处于平衡状态的弹性系统总势能有驻值。总势能最小原理:弹性系统处于平衡状态时,系统总势能取极小值。

最小总势能原理还可以表示为:弹性体在外力作用下,所有满足协调条件的变形状态中,只有真正的变形状态(即同时满足平衡条件)使系统总势能取最小值。

3. 单位位移定理

单位位移定理的目的是确定结构的广义力 P_r。考察虚位移原理,加入集中广义力的作用,即

$$\int_S (\overline{X}\delta u + \overline{Y}\delta v + \overline{Z}\delta w)\,\mathrm{d}S + \int_V (X\delta u + Y\delta v + Z\delta w)\,\mathrm{d}V + P_x\delta u + P_y\delta v + P_z\delta w =$$

$$\int_V (\sigma_x \delta\varepsilon_x + \sigma_y \delta\varepsilon_y + \sigma_z \delta\varepsilon_z + \tau_{xy}\delta\gamma_{xy} + \tau_{yz}\delta\gamma_{yz} + \tau_{zx}\delta\gamma_{zx})\,\mathrm{d}V \tag{5.83}$$

若已知式中的应力,并与表面力 $\overline{X}$、$\overline{Y}$、$\overline{Z}$,体力 X、Y、Z 和集中广义力 P 相平衡。

这时,在广义力 P 的作用点处及作用方向上添加虚拟的位移 δu,但在其他作用点及作用方向上虚位移为零。通常情况下,可以假设不存在表面力和体力。记在弹性体内引起的满足协调条件的虚应变为 $\delta\varepsilon_{ii,r}$、$\delta\gamma_{ij,r}(i,j=x,y,z)$,则有如下关系式:

$$P_r\delta u_r = \int_V (\sigma_x \delta\varepsilon_{x,r} + \sigma_y \delta\varepsilon_{y,r} + \sigma_z \delta\varepsilon_{z,r} + \tau_{xy}\delta\gamma_{xy,r} + \tau_{yz}\delta\gamma_{yz,r} + \tau_{zx}\delta\gamma_{zx,r})\,\mathrm{d}V$$

$$\tag{5.84}$$

由于 $\delta\varepsilon_{ii,r}$、$\delta\gamma_{ij,r}(i,j=x,y,z)$ 是任何一组符合协调条件的可能性应变,我们可以假设 $\delta\varepsilon_{ii,r}$、$\delta\gamma_{ij,r}(i,j=x,y,z)$ 与 δu_r 成正比这种情形,即

$$\delta\varepsilon_{ii,r} = \overline{\varepsilon}_{ii,r}\delta u_r$$

$$\delta\gamma_{ij,r} = \overline{\gamma}_{ij,r}\delta u_r \tag{5.85}$$

式中,$\overline{\varepsilon}_{ii,r}$、$\overline{\gamma}_{ij,r}$ 分别是在作用点 P 和相应作用方向上施加单位虚位移($\delta u_r = 1$)而引

起的满足协调条件的虚应变。将式(5.85)代入式(5.84)，并在等式两端约去 δu_r，可以整理得到

$$P_r = \int_V (\sigma_x \bar{\epsilon}_{x,r} + \sigma_y \bar{\epsilon}_{y,r} + \sigma_z \bar{\epsilon}_{z,r} + \tau_w \bar{\gamma}_{xy,r} + \tau_{yz} \bar{\gamma}_{yz,r} + \tau_{zx} \bar{\gamma}_{zx,r}) \, dV \quad (5.86)$$

方程(5.86)表明了单位位移定理，可表述为：若弹性体中给定的应力 σ_i、τ_{ij} 的虚应变与单位虚位移($\delta u_r = 1$)所引起的满足协调条件的虚应变 $\bar{\epsilon}_{i,r}$、$\bar{\gamma}_{ij,r}$ 的乘积在整个弹性体体积上的积分大小与 P_r 相等，则 P_r 与 σ_i、τ_{ij} 满足平衡关系。也可以理解为，弹性体中的应力 σ_i、τ_{ij} 与虚应变的乘积在整个体积上的积分值，就是与 σ_i、τ_{ij} 维持平衡的广义载荷 P_r 的值。单位位移定理的应用之一就是求支反力。

4. 虚力原理

虚力指结构位移计算中所假设的与待求位移相应的无限微小的广义力。上文的内容中，我们已经知道，虚位移原理可以用来考察一组已满足变形协调条件的位移分量和应变分量是否满足平衡条件以及如何才能满足平衡条件。而虚力原理则是用来考察一组已满足平衡条件的应力分量是否满足变形协调条件以及如何才能满足变形协调条件。

当弹性体受到外部的力而发生变形时，物体内部相应地会产生应变。假设结构的真实位移为 u，ϵ 和 γ 为真实的应变。类似于虚功原理，在此结构上加上虚拟的表面力 $\bar{X}$，体力 δX，以及集中广义力 P(包括与这些虚拟载荷相平衡的虚拟反作用力)；同时，假设在结构内部还存在某种虚拟的应力分布，即"可能应力"(只满足与虚拟载荷平衡的力的边界条件和结构内部的平衡微分方程，但并不要求满足变形协调条件)。基于以上的假设，需要注意如下事实：弹性体的位移和应变状态是真实存在的，它必须同时满足位移-应变方程、应变-应力方程、平衡方程及位移的边界条件；然而，应力状态却仅是"可能"的，即它满足了内部和边界上的力的平衡条件，但并不满足任何关于位移的条件。对本节中所指的可能应力状态或虚拟力状态，可以看成是与真实应力状态的某种偏离。

现在，设想在真实的位移状态 u 下，相应的真实应力状态有无限小的偏离 $\delta\sigma$ 和 $\delta\tau$，将 3 个关于可能应力的内部平衡方程分别用真实位移 u、v 和 w 相乘，并对整个弹性体体积进行积分，即得

$$\int_V \left(\frac{\partial \delta\sigma_x}{\partial x} + \frac{\partial \delta\tau_{yx}}{\partial y} + \frac{\partial \delta\tau_{zx}}{\partial z} + \delta X \right) u \, dV +$$

$$\int_V \left(\frac{\partial \delta\sigma_y}{\partial y} + \frac{\partial \delta\tau_{zy}}{\partial z} + \frac{\partial \delta\tau_{xy}}{\partial x} + \delta Y \right) v \, dV +$$

$$\int_V \left(\frac{\partial \delta\sigma_z}{\partial z} + \frac{\partial \delta\tau_{xz}}{\partial x} + \frac{\partial \delta\tau_{yz}}{\partial y} + \delta Z \right) w \, dV = 0 \quad (5.87)$$

利用格林恒等式，把 $\delta\sigma$ 和 $\delta\tau$ 看作格林恒等式中的 ϕ 函数，虚位移作为式中 u_i($i = x, y, z$)看作 $\frac{\partial \psi}{\partial i}$，则可将上式改写作

$$\int_S (l\delta\sigma_x + m\delta\tau_{xy} + n\delta\tau_{xz})\,u\,\mathrm{d}S +$$

$$\int_V u\delta X\,\mathrm{d}V - \int_V \left(\delta\sigma_x\frac{\partial u}{\partial x} + \delta\tau_{yx}\frac{\partial u}{\partial y} + \delta\tau_{zx}\frac{\partial u}{\partial z}\right)\mathrm{d}V +$$

$$\int_S (m\delta\sigma_y + n\delta\tau_{yz} + l\delta\tau_{yx})\,u\,\mathrm{d}S +$$

$$\int_V v\delta Y\,\mathrm{d}V - \int_V \left(\delta\tau_{yx}\frac{\partial v}{\partial x} + \delta\sigma_y\frac{\partial v}{\partial y} + \delta\tau_{yz}\frac{\partial v}{\partial z}\right)\mathrm{d}V +$$

$$\int_S (n\delta\sigma_z + l\delta\tau_{zx} + m\delta\tau_{zy})\,u\,\mathrm{d}S +$$

$$\int_V w\delta Z\,\mathrm{d}V - \int_V \left[\delta\tau_z\frac{\partial w}{\partial x} + \delta\tau_{zy}\frac{\partial w}{\partial y} + \delta\sigma_z\frac{\partial w}{\partial z}\right)\mathrm{d}V = 0 \qquad (5.88)$$

注意,在弹性体的表面,可能应力(虚拟应力)应满足如下的力的边界条件,即

$$\begin{cases} l\delta\sigma_x + m\delta\tau_{xy} + n\delta\tau_{xz} = \delta\overline{X} \\ m\delta\sigma_y + n\delta\tau_{yz} + l\delta\tau_{yx} = \delta\overline{Y} \\ n\delta\sigma_z + l\delta\tau_{zx} + m\delta\tau_{zy} = \delta\overline{Z} \end{cases} \qquad (5.89)$$

考虑平衡方程(5.14)及几何方程(5.25),方程(5.88)可简化为

$$\int_S (u\delta\overline{X} + v\delta\overline{Y} + w\delta\overline{Z})\,\mathrm{d}S + \int_V (u\delta X + v\delta Y + w\delta Z)\,\mathrm{d}V =$$

$$\int_V (\delta\sigma_x\varepsilon_x + \delta\sigma_y\varepsilon_y + \delta\sigma_z\varepsilon_z + \delta\tau_{xy}\gamma_{xy} + \delta\tau_{yz}\gamma_{yz} + \delta\tau_{zx}\gamma_{zx})\,\mathrm{d}V \qquad (5.90)$$

将上式的左端、右端各项的和分别记为 δW^*、δU^*,则式(5.90)可写成

$$\delta W^* = \delta U^* \qquad (5.91)$$

方程(5.91)表达了虚力原理,其物理意义可以表述为:任何满足平衡条件的虚应力($\delta\sigma$、$\delta\tau$)和虚拟力(δX、$\delta\overline{X}$),若它们对弹性体所做的虚功 δW^* 等于余应变能 δU^*,则该弹性体在给定载荷和环境作用下处于变形协调状态,虚力原理又称为余虚功原理。

应当强调的是,在推导余虚功原理表达式(5.91)的过程中考虑了线性的几何方程(5.25),因此余虚功原理只适用于小变形的情况。

5. 总余能驻值原理

弹性力学总余能驻值原理是弹性力学的能量原理之一,它可作为弹性力学直接解法和有限元法计算的重要基础。我们定义弹性体总余能为弹性体的余应变能与外力余能之和,即

$$\Pi^* = U^* + V^* \qquad (5.92)$$

式中,V^* 为外力余能,其定义表达式为

$$V^* = -\int_r \{u\}^{\mathrm{T}}\{X\}\,\mathrm{d}V - \int_s \{u\}^{\mathrm{T}}\{\overline{X}\}\,\mathrm{d}S \qquad (5.93)$$

由虚力原理,我们可以推导出最小余能原理。由于平衡状态的改变,位移保持不变,

且在力的边界 S_p 上$\{\delta \overline{X}\}$为零，在位移边界 S_u 上，位移给定为$\{\overline{u}\}$，此时，外力余能的一阶变分为

$$\delta V^* = -\int_V \{u\}^T \{\delta X\} dV - \int_{s_u} \{\overline{u}\}^T \{\delta \overline{X}\} dS \tag{5.94}$$

将方程(5.94)与方程(5.90)、方程(5.91)进行比较，得到

$$\delta W^* = -\delta V^* \tag{5.95}$$

将方程(5.95)代入方程(5.91)，整理得

$$\delta U^* + \delta V^* = 0 \tag{5.96}$$

或

$$\delta \Pi^* = 0 \tag{5.97}$$

总余能是应力分量的函数——泛函，其中应力分量是任意单值连续函数且必须满足平衡条件和力的边界条件，在数学上，满足这种条件的函数被称为泛函数的容许函数。能满足平衡条件的这类容许函数有无穷多组，而每一组容许函数都有相应的取值。满足平衡条件的弹性体处于协调变形状态时，必然有系统总余能的一阶变分等于零，也即是总余能有驻值。

我们可以这样描述总余能驻值原理：弹性体内所有满足平衡方程且在边界 S_p 上满足力的边界条件的应力状态中，只有满足变形协调条件的应力才是真正的应力状态，必使其总余能为极小值，所以总余能驻值原理又称最小余能原理。

6. 单位载荷法

单位载荷法的目标是确定结构的广义位移 u_r。与待求的广义位移 u_r 所对应的真实应变在整个结构中的积分是已知的。对广义位移 u_r，施加一个广义虚拟力 δP，其在结构内产生的虚应力为可能应力。可能应力在结构内部满足平衡条件，在边界上则满足力的边界条件，而与虚应力相应的虚应变并不必须满足协调条件。于是，由余虚功原理得

$$u_r \delta P_r = \int_V (\varepsilon_x \delta \sigma_x^r + \varepsilon_y \delta \sigma_y^r + \varepsilon_z \delta \sigma_z^r + \gamma_{xy} \delta \tau_{xy}^r + \gamma_{yz} \delta \tau_{yz}^r + \gamma_{zx} \delta \tau_{zx}^r) dV \tag{5.98}$$

根据可能应力的定义，可以令 $\delta \sigma_i^r$、$\delta \tau_{ij}^r$ 与 δP_r 成正比，即

$$\begin{cases} \delta \sigma_i^r = \overline{\sigma}_i^r \delta P_r \\ \delta \tau_{ij}^r = \overline{\tau}_{ij}^r \delta P_r \end{cases} \tag{5.99}$$

式中，$\overline{\sigma}_i^r$、$\overline{\tau}_{ij}^r$ 是单位虚广义载荷 $\delta P_r = 1$ 所引起的可能应力。将式(5.99)代入方程(5.98)并约去等式两端的 δP_r，整理后可得

$$u_r = \int_V (\varepsilon_x \overline{\sigma}_x^r + \varepsilon_y \overline{\sigma}_y^r + \varepsilon_z \overline{\sigma}_z^r + \gamma_{xy} \overline{\tau}_{xy}^r + \gamma_{yz} \overline{\tau}_{yz}^r + \gamma_{zx} \overline{\tau}_{zx}^r) dV \tag{5.100}$$

上式表达了单位载荷定理，其物理意义可以描述为：变形结构中的应变 ε_i、γ_{ij} 与单位虚广义载荷($\delta P = 1$)所引起的应力 $\overline{\sigma}_i^r$、$\overline{\tau}_{ij}^r$ 的乘积在整个结构上的积分，就是与虚广义位移相应的结构广义位移 u_r，其中可能应力 $\overline{\sigma}_i^r$、$\overline{\tau}_{ij}^r$ 满足变形结构内部的平衡

条件和边界上力的边界条件,应变 ε_i、γ_{ij} 在结构内部满足协调条件并与结构的变形一致。

例题 5-1 存在如图 5.5 中的桁架结构,其中,杆 1-2 与杆 1-3 长度相同,结构中所有杆件为同一材质,横截面积均为 A ,弹性模量均为 E ,在节点 1 处受到 x 方向的集中力 P 的作用。求解桁架的内力和节点 1 处的位移。

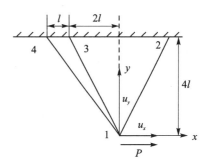

解:由于节点 2、3、4 均为固定节点,分析桁架结构的受力可知,仅有节点 1 将产生位移。设节点 1 处水平方向的位移为 u_y,垂直方向的位移为 u_y。

图 5.5 桁架结构图

在节点 1 处有位移的情况下,桁架各杆将产生相应的变形。根据图 5.5 给出的几何参数,可以计算出各杆件的原始长度 L 和变形 ΔL。其中杆 1-2 和杆 1-3 的原始长度为 $2\sqrt{5}\,l$,杆 1-2 的变形为 $-1/\sqrt{5}\,u_x - 2/\sqrt{5}\,u_y$,杆 1-3 的变形为 $1/\sqrt{5}\,u_x - 2/\sqrt{5}\,u_y$;杆 1-4 的原始长度为 $5l$,变形为 $\dfrac{3}{5}u_x - \dfrac{4}{5}u_y$。由应力-应变关系可知,各杆因变形而产生的内力为

$$N_i = \frac{EA}{L_i}\Delta L_i$$

式中,i 为杆件的序号,EA/L_i 是杆的拉伸(压缩)刚度。

下面,分别采用不同的方法进行求解。

(1) 直接平衡法

在节点 1 处,各杆内力与载荷 P 满足以下平衡条件

$$\sum F_x = 0, \qquad \sum F_y = 0$$

将各杆内力代入上式,可以得到

$$P - \frac{1}{\sqrt{5}}\frac{EA}{2\sqrt{5}\,l}(-1/\sqrt{5}\,u_x - 2/\sqrt{5}\,u_y) - \frac{1}{\sqrt{5}}\frac{EA}{2\sqrt{5}\,l}(1/\sqrt{5}\,u_x - 2/\sqrt{5}\,u_y) +$$

$$\frac{3}{5}\frac{EA}{5l}(0.6u_x - 0.8u_y) = 0$$

$$\frac{2}{\sqrt{5}}\frac{EA}{2\sqrt{5}\,l}(-1/\sqrt{5}\,u_x - 2/\sqrt{5}\,u_y) + \frac{2}{\sqrt{5}}\frac{EA}{2\sqrt{5}\,l}(1/\sqrt{5}\,u_x - 2/\sqrt{5}\,u_y) +$$

$$\frac{4}{5}\frac{EA}{5l}(0.6u_x - 0.8u_y) = 0$$

将上式进一步整理得

$$\begin{cases} \dfrac{EA}{l}(0.161u_x - 0.095u_y) - P = 0 \\[3mm] \dfrac{EA}{l}(-0.095u_x + 0.486u_y) = 0 \end{cases}$$

求解得到

位移：

$$\begin{cases} u_x = 1.755\,\dfrac{Pl}{EA} \\[3mm] u_y = 0.347\,\dfrac{Pl}{EA} \end{cases}$$

内力：

$$\begin{cases} N_{1\text{-}2} = -0.245P \\ N_{1\text{-}3} = 0.106P \\ N_{1\text{-}4} = 0.155P \end{cases}$$

（2）虚位移原理

在节点 1 处假设有虚位移 δu_x、δu_y，那么，将在杆 1 - 2、1 - 3、1 - 4 中产生相应虚位移：

$$\begin{cases} \delta\Delta L_{1\text{-}2} = -1/\sqrt{5}\,\delta u_x - 2/\sqrt{5}\,\delta u_y \\ \delta\Delta L_{1\text{-}3} = 1/\sqrt{5}\,\delta\delta u_x - 2/\sqrt{5}\,\delta u_y \\ \delta\Delta L_{1\text{-}4} = 0.6\delta u_x - 0.8\delta u_y \end{cases}$$

由虚位移原理有

$$N_{1\text{-}2}\delta\Delta L_{1\text{-}2} + N_{1\text{-}3}\delta\Delta L_{1\text{-}3} + N_{1\text{-}4}\delta\Delta L_{1\text{-}4} = P\delta u_x$$

得到

$$\left[\frac{EA}{l}(0.161u_x - 0.095u_y) - P\right]\delta u_x + \left[\frac{EA}{l}(0.486u_y - 0.095u_x)\right]\delta u_y = 0$$

由于虚位移 δu_x、δu_y 为任意值，为了满足以上等式，必须有

$$\begin{cases} \dfrac{EA}{l}(0.161u_x - 0.095u_y) - P = 0 \\[3mm] \dfrac{EA}{l}(0.486u_y - 0.095u_x) = 0 \end{cases}$$

求解得到

位移：

$$\begin{cases} u_x = 1.755\,\dfrac{Pl}{EA} \\[3mm] u_y = 0.347\,\dfrac{Pl}{EA} \end{cases}$$

内力：

$$\begin{cases} N_{1-2} = -0.245P \\ N_{1-3} = 0.106P \\ N_{1-4} = 0.155P \end{cases}$$

（3）最小总位能原理

各杆的应变能为

$$U_i = \frac{1}{2}N_i \Delta L_i = \frac{1}{2}\frac{EA}{L_i}(\Delta L_i)^2$$

整个桁架的应变能为

$$U = \sum U_i$$

系统的总位能为

$$\Pi = \sum U_i - Pu_x = \frac{EA}{l}(0.081u_x^2 - 0.095u_xu_y + 0.243u_y^2) - Pu_x$$

由最小总位能原理

$$\begin{cases} \delta\Pi_{u_x} = 0 \\ \delta\Pi_{u_y} = 0 \end{cases}$$

可得

$$\begin{cases} \dfrac{EA}{l}(0.161u_x - 0.095u_y) - P = 0 \\ \dfrac{EA}{l}(0.486u_y - 0.095u_x) = 0 \end{cases}$$

求解得到

位移：

$$\begin{cases} u_x = 3.5096\dfrac{Pa}{EA} \\ u_y = 0.6936\dfrac{Pa}{EA} \end{cases}$$

内力：

$$\begin{cases} N_{1-2} = 0.6203P \\ N_{1-3} = 0.4245P \\ N_{1-4} = -0.9793P \end{cases}$$

例题 5-2　有等截面梁如图 5.6 所示，该梁一端固定在墙内，另一端简支，并受到线性分布载荷的作用。梁截面的惯性矩为 I，材料的弹性模量为 E。试用单位载荷法求梁受载后离固支端 $0.8L$ 处的垂直位移。

解：采用材料力学方法，可以得到该梁受载后的弯矩为

$$M(\bar{x}) = -\frac{qL^2}{30}(2 - 12\bar{x} + 15\bar{x}^2 - 5\bar{x}^3)$$

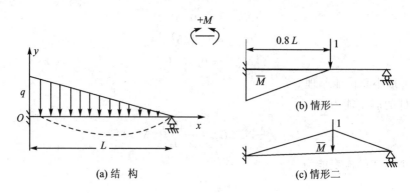

图 5.6　梁结构

梁的挠度为

$$w(\bar{x}) = \frac{qL^2 x^2}{120EI}(4 - 8\bar{x} + 5\bar{x}^2 - \bar{x}^3)$$

式中，$\bar{x} = x/L$，在 $\bar{x} = 0.8$ 处，在向下的方向上，梁的垂直位移为

$$w(\bar{x})\,\big|_{\bar{x}=0.8} = 0.001\,54\,\frac{qL^4}{EI}$$

梁的应变可以根据挠度公式进行两次微分而得

$$\frac{\mathrm{d}^2 w(\bar{x})}{\mathrm{d}x^2} = -\frac{qL^2}{30EI}(2 - 12\bar{x} + 15\bar{x}^2 - 5\bar{x}^3)$$

采用单位载荷定理计算所求的位移：

首先，在待求位移的位置和方向施加单位载荷，设单位载荷所引起的内力为 $\overline{M}$。根据单位载荷定理，$\overline{M}$ 可以是任何一种可能内力，满足梁内部的平衡条件，同时满足题中所提供的力的边界条件。

为了更加清楚地理解单位载荷定理，考虑如下两种可能内力：

情形一：选取单位载荷引起的可能内力如图 5.6(b) 所示。

当 $\bar{x} > 0.8$ 时，$\overline{M} = 0$。于是，根据单位载荷定理得到

$$w(\bar{x})\,\big|_{\bar{x}=0.8} = L\int_0^{0.8} \frac{\mathrm{d}^2 w(\bar{x})}{\mathrm{d}x^2}\overline{M}\mathrm{d}\bar{x} \tag{I}$$

式中，$\overline{M}$ 由挠度的计算公式可改写为

$$\overline{M} = L(\bar{x} - 0.8)$$

将上式以及材料力学方法获得的应变公式代入式(I)并积分，得

$$w(\bar{x})\,\big|_{\bar{x}=0.8} = \frac{qL^4}{30EI}[1.2\bar{x} - 4.6\bar{x}^2 + 7\bar{x}^3 - 4.5\bar{x}^4 + \bar{x}^5]_0^{0.8} = 0.001\,54\,\frac{qL^4}{EI}$$

可以看出，上式与材料力学的解完全一致。

情形二：选取单位载荷引起的可能内力如图 5.6(c) 所示。

于是，由单位载荷定理得到

$$w(\bar{x})\big|_{\bar{x}=0.8} = L\left(\int_0^{0.8} \frac{\mathrm{d}^2 w(\bar{x})}{\mathrm{d}x^2}\overline{M}_1\mathrm{d}\bar{x} + \int_{0.8}^1 \frac{\mathrm{d}^2 w(\bar{x})}{\mathrm{d}x^2}\overline{M}_2\mathrm{d}\bar{x}\right) \quad (\text{II})$$

式中：$\overline{M}$ 由挠度的计算公式可改写为

$$\overline{M}_1 = 0.2L\bar{x} \quad (0 \leqslant \bar{x} < 0.8)$$

$$\overline{M}_2 = 0.8L(1-\bar{x}) \quad (0.8 \leqslant \bar{x} \leqslant 1)$$

对式（II）进行积分运算后得

$$w(\bar{x})\big|_{\bar{x}=0.8} = \frac{qL^4}{30EI}[0.0399 + 0.0063] = 0.00154\frac{qL^4}{EI}$$

可以看出，上式与材料力学的解完全一致。由此可见，单位载荷定义的内力状态，可以是任何可能内力。

5.3　弹性理论的基本原理

5.3.1　叠加原理

叠加原理是线弹性结构分析中十分有用的原理之一。叠加原理的内容是：若弹性体上所有点的位移与产生该位移的力成正比（物体为线弹性体），那么作用在这一弹性体上的所有外力形成的影响或效果（弹性体内产生的内力和形变），等于每个力单独作用所产生的效果的总和。

以下为叠加原理的证明过程：假设弹性体受到表面力 $\overline{X},\overline{Y},\overline{Z}$ 和体积力 X,Y,Z，相应地产生的应力为 σ_i,τ_{ij}，又假设同一物体在表面力 $\overline{X}',\overline{Y}',\overline{Z}'$ 和体积力 X',Y',Z' 的作用下产生的应力为 σ_i',τ_{ij}'，则这两种外力和应力必然满足基本方程和边界条件。以平衡方程为例，对于第一种外力及应力，其平衡方程为

$$\frac{\partial\sigma_x}{\partial x} + \frac{\partial\tau_{yx}}{\partial y} + \frac{\partial\tau_{zx}}{\partial z} + X = 0 \tag{5.101}$$

对于第二种外力及应力，平衡方程为

$$\frac{\partial\sigma_x'}{\partial x} + \frac{\partial\tau_{yx}'}{\partial y} + \frac{\partial\tau_{zx}'}{\partial z} + X' = 0 \tag{5.102}$$

方程（5.101）和方程（5.102）等式两边分别相加，整理得

$$\frac{\partial(\sigma_x' + \sigma_x)}{\partial x} + \frac{\partial(\tau_{yx}' + \tau_{yx})}{\partial y} + \frac{\partial(\tau_{zx}' + \tau_{zx})}{\partial z} + (X' + X) = 0 \tag{5.103}$$

上式表明，从满足平衡条件来考虑，两种外力同时作用于线弹性体上所产生的应力等于两种外力分别产生的应力之和。之所以得到这样的结果，本质上是由于平衡方程是线性的。同理，对于弹性问题中其他线性的基本方程和边界条件线性，亦能得到相同的结果。由于弹性力学的基本方程和边界条件是在小变形及线弹性的假设下推导的，因此，叠加原理也仅在这种条件下适用。

5.3.2　互等定理

互等定理是线弹性结构问题中极其有效的分析方法,由英国的麦克斯韦(Max-well)于 1864 年提出,贝蒂(Betti)和瑞利(Rayleigh)对这一定理均有一定的贡献。在互等定理确立之前,根据叠加原理,我们可以利用常系数和所施加载荷来表达结构中任何一点的位移。例如,有一线弹性体,在点 1 处施加载荷 P_1,设 $P_1 = 1$ 时,在点 1 处沿载荷 P_1 的方向产生的位移为 δ_{11},则按照叠加原理,在点 1 处由 P 产生的沿 P 方向的位移为

$$\Delta_1 = \delta_{11} P_1 \tag{5.104}$$

假如有 n 个力 $P_1, P_2, \cdots, P_n$ 同时作用在物体上,如图 5.7 所示。则每个力对点 1 处的位移均有贡献,则按照叠加原理,由这些力产生的在 1 点处沿 P_1 方向的位移总和为

$$\Delta_1 = \delta_{11} P_1 + \delta_{12} P_2 + \cdots + \delta_{1n} P_n \tag{2.105}$$

式中,δ_{1j} 是位于点 j 的力在点 1 产生的沿 P_1 方向的位移。依此类推,在 n 个力同时作用下,各点的位移为

$$\Delta_i = \sum_{j=1}^{n} \delta_{ij} P_j \quad (i = 1, 2, \cdots, n) \tag{5.106}$$

式中,Δ_i 是 n 个力产生的在点 i 沿 P_i 方向的位移,δ_{ij} 是 $P_j = 1$ 时在点 i 产生的沿 P_i 方向的位移,δ_{ij} 称影响系数或柔度系数。

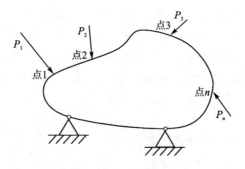

图 5.7　线弹性物体受到的载荷 $P_1, P_2, \cdots, P_n$

现假设弹性体在点 1 先受到一个由零逐渐增加的力 P_1,在 P_1 保持位置不变的同时,在点 2 上逐步施加作用力 P_2,则弹性体的总应变能 U 为

$$U_1 = \frac{P_1}{2}(\delta_{11} P_1) + \frac{P_2}{2}(\delta_{22} P_2) + P_1(\delta_{12} P_2) \tag{5.107}$$

在 P_2 的作用下,当 P_1 向远距离 $\delta_{12} P_2$ 移动时,将引起由 P_1 所做的额外的功,即上式中第三项是在 P_2 作用下 P_1 力在 δ_2 处引起的位移上做的功。如果这两个力撤销,并按照上述相反的次序施加此二力,则总应变能变成

$$U_2 = \frac{P_2}{2}(\delta_{22}P_2) + \frac{P_1}{2}(\delta_{11}P_1) + P_2(\delta_{21}P_1) \tag{5.108}$$

根据叠加原理,应变能与载荷的加载次序无关,因此

$$U_1 = U_2$$

将式(5.107)、式(5.108)代入上式,整理得到

$$\delta_{12} = \delta_{21} \tag{5.109}$$

推广到任意两个力的情况,将上式表达为

$$\delta_{ij} = \delta_{ji} \tag{5.110}$$

则互等定理可以表述为:在线弹性系统中,点 i、j 上分别作用有单位力 $P_i = 1$ 及 $P_j = 1$,则 P_j 在点 i 上产生的沿 P_i 方向的位移,等于 P_i 在点 j 上产生的沿 P_j 方向的位移。用类似的方式,我们可以导出力矩和旋转的关系,因此,上述定理中的作用力和位移是指广义力和广义位移,即力可以是集中力、弯矩、扭矩等,位移可以是线位移、转角、扭转等。

5.3.3　圣维南原理

在弹性力学的边值问题中,严格地说,在面力给定的边界条件及位移给定的边界条件应该是逐点满足的,也就是说,精确解应当同时满足弹性力学的全部基本方程和问题的边界条件。在数学上,满足基本方程并不困难,但要给出完全满足边界条件的解答是非常困难的。另一方面,实际工程问题中人们往往只知道作用于物体表面某一部分区域上的合力和合力矩,并不知道面力的具体分布形式。为了解决上述两个问题,人们常常按照静力等效(合力、合力矩相等)的原则,用假设的易于使解满足的应力边界条件代替实际的边界条件。因此,在弹性力学问题的求解过程中,一些边界条件可以通过某种等效形式提出。这种等效将带来数学上的某种近似,但人们在长期的实践中发现这种近似带来的误差是局部的。

圣维南原理(Saint Venant's Principle)是弹性理论中的基础性原理,是法国力学家圣维南于 1855 年首次提出的。具体的表述为:由于载荷所引起的分布于弹性体上一小块面积(或体积)内的应力,在离载荷作用区稍远的地方,基本上只与荷载的合力和合力矩有关,且载荷的具体分布只影响载荷作用区附近的应力分布。另一种等价的表述方式为:如果作用在弹性体某一小块面积(或体积)上的载荷的合力和合力矩均为零,则在远离载荷作用区的地方,应力就小得几乎等于零。不少学者研究过圣维南原理的正确性,虽然至今没有得到确切的数学表示和严格的理论证明,但是,大量的实际计算和实验结果发现,它在大部分实际问题中成立。

圣维南原理可以表述为以下两种形式:

(1) 如果把物体的小部分边界上的面力,按照静力等效原则,用分布不同的面力

来代替,则附近的应力将有显著的改变,但是远处所受的影响可以不计。

(2) 作用于物体上的静态等效系统本质上会产生不同的局部效应,而距离加载表面较远的截面处的应力则基本是相同的。

按照圣维南原理所获得的解只在应力边界区附近应力分布误差较大,而对距该区域较远处的影响可以不计。

第6章 飞机杆件结构分析

杆件结构(或称杆系结构)由若干杆件组成,具有结构简单,传力路线清晰等特点,是在工程结构中应用最早、最广的一类结构形式,在土木、建筑、航空航天等工程中都有广泛的应用。飞机结构中大量应用了杆件结构,如飞机起落装置、机翼的主梁结构等。按受力特性划分,可将杆件结构分为桁架、刚架和混合型构架:桁架由杆件和铰结点组成,刚架由杆件和刚结点组成,两种结点并存则为混合型构架,在对其进行分析时,可简化为桁架结构模型或刚架结构模型。

由于近代工程的需要,薄壁构造广泛应用于各种工程结构中,如桥梁、金属结构、造船、航空与航天等方面。薄壁构造无论从强度、刚度、质量或经济性来说都有其优越性。特别对于飞行器构造,这类综合要求更为突出。因为飞行器构造要求在足够强度、刚度的条件下,具有较轻的结构质量,现代飞机结构几乎都采用了薄壁结构,薄壁结构的外壳叫做蒙皮,蒙皮通常用纵向和横向的加强元件(骨架)来提高其承载能力。纵向加强元件在机翼和尾翼中称作长桁和翼梁(wing spar),在机身中则称作长桁和桁梁。横向加强元件在机翼和尾翼中称作翼肋,而在机身中则称作隔框。骨架蒙皮结构形式是飞行器中一种典型结构形式,因其较轻的质量特性在飞行器制造中获得广泛的关注和应用,如飞机的机翼和机身等均使用骨架蒙皮式结构,在进行结构受力分析时,一般将其简化为板杆结构模型。本章将主要介绍杆件结构和板杆结构静力分析的主要方法,通过对桁架结构模型、刚架结构模型及板杆结构模型静力学分析的系统讲解,向读者介绍静力分析的两种通用方法——力法和位移法的基本原理和步骤。

6.1 杆件结构

杆件结构是由若干杆件组成的,杆件之间相互连接处称为结点,工程结构中的结点可归纳为以下两大类:铰结点和刚结点。铰结点:相连杆件的杆端连接在同一个销轴上且光滑、无摩擦地接触,则连接处被称为铰结点。铰结点的特征是各杆件的杆端不能产生相对移动,但能相对转动,可以传递力但不可传递力矩。刚结点:各杆件在变形前后结点处各杆杆端切线夹角保持不变的连接。刚结点处杆件的杆端之间既不能发生相对线位移,也不能发生相对角位移,因此刚结点对杆端有约束转动和移动的作用,故既能够传递力,又能传递力矩。杆件结构中的杆件按几何形状可分为直杆和曲杆,直杆包括常用的梁、柱、轴等;曲杆最常见的是拱。在飞机杆件结构中,杆件主要以直杆为主,本书杆件结构中的杆件特指直杆。杆件结构是由细长杆件(横向尺寸远小于纵向尺寸)或若干根细长的杆件所组成的结构,也被称为杆系结构。根据杆件承力特性的不同,杆件结构可以分为:桁架结构、刚架结构和混合杆件结构。

6.1.1 桁架结构

由只受结点荷载作用的直杆与理想铰链构成的结构体系称桁架结构,当只受到作用于结点的集中力时,桁架各杆只产生轴力。桁架结构由直杆组成,主要通过直杆的轴力来承受和传递载荷(如图 6.1 所示),这一结构是由工程中一些杆轴交于一点的结构抽象简化而成的。桁架的组成一般具有三角形单元的平面或空间结构,桁架杆件主要承受轴向拉神力或压力,从而能充分利用材料的强度。由以上概念,我们抽象出桁架结构模型的基本特征:①桁架结构由直杆元件和无摩擦的理想铰链组成,且各直杆元件在两端通过铰链(结点)相互连接;②直杆元件只承受施加在杆件两端的沿直杆轴线作用的集中力(拉伸力或压力),桁架结构仅能承受作用在结点处的集中力。

实际结构中由于结点的非理想铰链等原因,桁架结构中还同时存在微小的弯矩和剪力,对轴力也有很小的影响。但在构建桁架模型中,只考虑轴力,这一受力特性反映了实际结构的主要因素,因此我们认为桁架的受力特点是其结构内力只有轴力,而略去了结构元件所承受的弯矩和剪力,同时,也隐含着略去了杆件自身的质量。

基于以上分析,可以看出,在桁架结构的受力平衡中,桁架结构模型仅存在一种受力元件,即只受轴力的直杆。如图 6.2 所示,从两个节点 i 和 j 之间取一根直杆元件,在此杆件的两端分别作用有轴力 N_{i-j} 和 N_{j-i},由于杆件仅受到轴力作用而未受到其他任何载荷的作用,因此杆件在任一点处,轴力都是相等的。由此我们可以得出桁架结构中一个重要的基本特点,即桁架结构中的杆元件是等轴力杆。

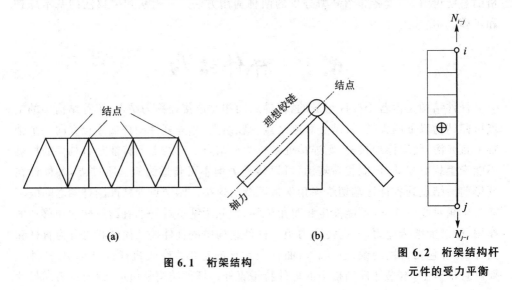

(a)

(b)

图 6.1 桁架结构

图 6.2 桁架结构杆
元件的受力平衡

6.1.2　刚架结构

刚架由直杆组成,其结点通常为刚结点。各杆件主要受弯曲作用,内力通常是弯矩、剪力和轴力等,主要通过元件的拉压、剪切、弯曲和扭转来传递载荷。刚架结构的力学特征主要是由刚结点决定的,由于在刚结点处各杆件无法发生相对位移和角位移,因此杆件可以承受任何形式的载荷。由以上概念,我们抽象出刚架结构模型的基本特征:

(1)刚架结构由杆件和刚性结点组成,在结点处,杆与杆之间的夹角在变形前后保持不变;

(2)刚架结构可以承受施加在任何部位、任何形式的载荷,因而杆件的横剖面内可以存在任何形式的内力(轴力、弯矩、剪力或扭矩)。

基于以上模型分析,刚架结构的受力平衡中,桁架结构模型仅存在一种受力元件,即可以承受轴力、弯矩、剪力、扭矩的杆件。由于刚架结构的杆件上可以承受任何形式的载荷,因而杆单元上任一截面上可能出现变化的轴力、弯矩、剪力和扭矩,可以根据载荷的平衡条件计算任意截面处的轴力、弯矩、剪力和扭矩。

6.2　板杆结构

为了减轻整体质量,飞行器制造过程中常采用骨架蒙皮式结构,由骨架(桁条、梁、框、肋等)和蒙皮组成。蒙皮结构是在空间构架的纵、横肋上蒙上一层金属板,形成共同作用体系,蒙皮可承受面内拉、压和剪应力,它相当于连续分布的支撑,起到空间受力的效果。当考虑结构构件的空间整体作用时,利用蒙皮抗剪可以大大提高结构整体的抗侧刚度,减少侧向支撑的设置;利用面板的蒙皮效应,可以减小所连杆件的计算长度,既充分利用板面材料的强度,又对骨架结构起辅助支撑作用,使结构的平面外刚度也大大提高(即可大大减小承受面外横向荷载下的挠度)。

6.2.1　板杆结构计算模型

骨架蒙皮结构广泛地应用于航空航天领域,特别是飞机机身和机翼通常采用骨架蒙皮结构,这种类型的结构各元件之间的连接关系比较复杂,且每种元件的受力情况及其在传力中的作用也很复杂。为了能对实际工程结构进行分析,就必须对所有影响计算的因素(载荷、几何形状、传力路线、材料特性等)进行分析,保留起主要作用的因素,忽略次要因素,使结构简化,分析切实可行。我们称这一简化过程为结构的理想化。实际结构在理想化之后,就变换成另一种与原结构不尽相同但又保持了原结构在受力和传力过程中的基本和主要力学特征的另一种理想化结构,即计算模型。我们根据结构元件的受力特点,将真实的骨架蒙皮结构简化为板杆结构计算模型。如图 6.3 所示,板杆结构由剪切板和杆元件组成,主要通过剪切板所承受的剪应力和杆元件承受的轴力进行载荷的传递。

由以上概念,我们抽象出板杆结构计算模型的基本特征:

(1)板杆结构由剪切板(蒙皮、腹板)、杆元件(纵向的桁条、梁、凸缘,横向的隔框、肋等)和结点组成,其中结点处为理想铰接。

(2)杆元件横截面积远小于壁板的面积,可忽略其自身的惯性矩,杆元件只承受沿轴线的轴向力;

(3)蒙皮可承受一部分正应力,将蒙皮承受正应力的能力折算到杆件中去,因此蒙皮简化为只承受剪应力而不承受正应力的剪切板;

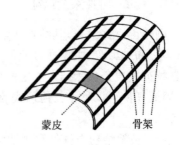

蒙皮　　　　骨架

图6.3　板杆结构模型

(4)剪切板厚度很小,因此剪应力在剖面上沿厚度方向均匀分布,剪流方向与"中面"方向一致。

基于以上分析,板杆结构模型存在两种受力元件,只承受剪应力的剪切板和只受轴力的杆件,板杆结构只能承受作用在结点上的集中力。

6.2.2　剪切板

在结构作为一个整体的受力和传力过程中,蒙皮的主要作用是支承和传递由于剪切和扭转而引起的剪应力。通常情况下,飞机制造中使用的骨架蒙皮结构上蒙皮和腹板主要有三角形板、矩形板、平行四边形板和梯形板。也存在采用其他任意四边形板的比较少见的情况,但其平衡情况比较复杂,本书中暂不进行研究,主要以比较常见的四种形状的板的受力情况为分析研究对象。此外,蒙皮一般具有一定的曲率,但通常情况下曲率较小,一般可以忽略不计,近似地作为平板研究。在板杆结构的计算模型中,除了满足小变形和线弹性这两个基本假设外,还引入了关于剪切板的以下基本假设:

(1)由于剪切板很薄(厚度方向的尺寸远小于横向和纵向尺寸),可以假定其剖面上的剪应力沿厚度为常量。我们取剪切板的"中面"(将剪切板在厚度上平分的面)代表板作为分析对象,在剖面图上,平分板厚度的线称为剖面的中线或称剖面的周线。中线单位长度上的剪应力被称为剪流,其量纲为 N/m,计算公式为 $q = \tau t$,其中 τ、t 分别为剪应力和板的厚度。利用剪流概念,可以形象地确定剪应力的方向。

(2)假定板表面不存在切向载荷,由剪应力互等定理可知,剪切板内中线上某一点的剪流方向与该点的切线方向一致。

(3)假定每一边上不同点的剪流沿周线不变,则板的每个边上就只有一个未知的剪流。

1. 三角形板

如图6.4所示的三角形剪切板,由于剪切板计算模型中,杆和板之间仅仅存在剪流作用,且板的每一条边上的剪流为常量,所以我们可以用三个剪流 q_{2-1}、q_{2-3} 和 q_{3-1} 分别表示在其三条边上分的受力。因此,板在这三个剪流作用下处于平衡状态。

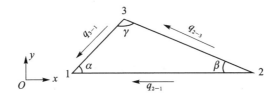

图 6.4　三角形板的受力平衡情况

以三角形的三个顶点作为力矩中心进行受力分析,根据力矩平衡条件,可以列出平衡方程,以顶点 1 为例:

$$\sum M_1 = q_{2-3} l_{2-3} H_{2-3} = 0 \tag{6.1}$$

式中,H_{2-3} 为顶点 1 到长度为 l_{2-3} 的边的距离。则有

$$q_{2-3} = 0 \tag{6.2}$$

同理,可以由 $\sum M_2 = 0$,推出 $q_{3-1} = 0$;由 $\sum M_3 = 0$,推出 $q_{2-1} = 0$;于是,由以上平衡关系分析可以得到

$$q_{2-3} = q_{3-1} = q_{2-1} = 0 \tag{6.3}$$

分析式(6.3)可知,三角形剪切板的三边剪流均为零。从物理意义上看,由于三角形骨架本身是一个承受外载荷后仍能保持其几何形状不变的几何不变系统,外力主要由板周围的三角形骨架承担,而传到板上的力是很小的,因此三角形板可以近似地认为不受力。

2. 矩形板

有如图 6.5 所示的矩形剪切板,长和宽分别为 a 和 b,其四个边上的未知剪流分别为 q_{2-1}、q_{2-3}、q_{4-1} 和 q_{4-3},由于板上不存在其他的外载荷,因此,矩形板在这四个剪流作用下处于平衡状态。

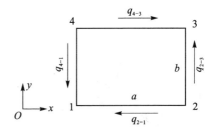

图 6.5　矩形板的平衡情况

根据平面力学的平衡条件(x、y 方向的受力平衡及顶点 4 的力矩平衡),可以列出以下三个平衡方程:

$$\begin{cases} \sum F_x = -q_{2-1}a + q_{4-3}a = 0 \\ \sum F_y = -q_{4-1}b + q_{2-3}b = 0 \\ \sum M_4 = -q_{2-1}ab + q_{2-3}ba = 0 \end{cases} \tag{6.4}$$

整理后得到

$$\begin{cases} q_{2\text{-}1} = q_{4\text{-}3} \\ q_{4\text{-}1} = q_{2\text{-}3} \\ q_{2\text{-}1} = q_{2\text{-}3} \end{cases} \tag{6.5}$$

求解以上平衡方程，得到各边剪流的大小，为

$$q_{2\text{-}1} = q_{2\text{-}3} = q_{4\text{-}1} = q_{4\text{-}3} = q \tag{6.6}$$

分析式(6.6)可知，矩形剪切板四边的剪流相等，只有一个未知量，其方向如图 6.5 所示。可以看出，矩形剪切板相当于一个约束作用。

3. 平行四边形板

如图 6.6 所示的平行四边形剪切板，其四个边上存在的四个未知剪流分别为 $q_{2\text{-}1}$、$q_{2\text{-}3}$、$q_{4\text{-}1}$ 和 $q_{4\text{-}3}$，由于板上不存在其他外载荷，因此，板在这四个剪流作用下处于平衡状态。

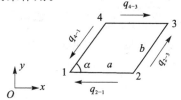

图 6.6　平行四边形板的平衡情况

与矩形剪切板类似，根据平面力学的平衡关系，可以列出以下三个平衡方程：

$$\begin{cases} \sum F_x = -q_{2\text{-}1}a + q_{4\text{-}3}a = 0 \\ \sum M_1 = q_{2\text{-}3}ba\sin\alpha - q_{4\text{-}3}ab\sin\alpha = 0 \\ \sum M_2 = q_{4\text{-}1}ba\sin\alpha - q_{4\text{-}3}ab\sin\alpha = 0 \end{cases} \tag{6.7}$$

整理后得到

$$\begin{cases} q_{2\text{-}1} = q_{4\text{-}3} \\ q_{2\text{-}3} = q_{4\text{-}3} \\ q_{4\text{-}1} = q_{4\text{-}3} \end{cases} \tag{6.8}$$

求解以上平衡方程，得到各边剪流的大小，为

$$q_{2\text{-}1} = q_{2\text{-}3} = q_{4\text{-}1} = q_{4\text{-}3} = q \tag{6.9}$$

分析式(6.9)可知，平行四边形剪切板四边的剪流相等，只有一个未知量，其方向如图 6.6 所示。可以看出，平行四边形剪切板相当于一个约束作用。可以认为平行四边形板的内力是一个变量。

4. 梯形板

如图 6.7 所示的梯形剪切板，其四个边上存在的未知剪流分别为 $q_{2\text{-}1}$、$q_{2\text{-}3}$、$q_{4\text{-}1}$ 和 $q_{4\text{-}3}$，同样，由于梯形剪切板上不存在其他的外载荷，因此，板在这四个剪流作用下处于平衡状态。

与矩形剪切板类似，根据平面力学的平衡关系，可以列出以下平衡方程：

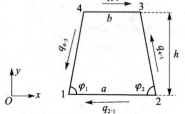

图 6.7　梯形板的平衡情况

$$\begin{cases} \sum M_1 = -q_{4\text{-}3}bh + q_{2\text{-}3}\dfrac{h}{\sin\varphi_2}a\sin\varphi_2 = 0 \\[2mm] \sum M_2 = -q_{4\text{-}3}bh + q_{4\text{-}1}\dfrac{h}{\sin\varphi_1}a\sin\varphi_1 = 0 \\[2mm] \sum M_4 = -q_{2\text{-}1}ah + q_{2\text{-}3}\dfrac{h}{\sin\varphi_2}b\sin\varphi_2 = 0 \end{cases} \tag{6.10}$$

整理后得到

$$\begin{cases} q_{4\text{-}3} = \dfrac{a}{b}q_{2\text{-}3} \\[2mm] q_{4\text{-}3} = \dfrac{a}{b}q_{4\text{-}1} \\[2mm] q_{2\text{-}1} = \dfrac{b}{a}q_{2\text{-}3} \end{cases} \tag{6.11}$$

求解以上平衡方程,可以得到各边剪流的大小:

$$q_{2\text{-}3} = q_{4\text{-}1} = \bar{q} \tag{6.12}$$

式(6.12)表明了梯形剪切板两腰上的剪流大小相等,记作 $\bar{q}$。

$$q_{4\text{-}3} = \frac{a}{b}\bar{q} \tag{6.13}$$

$$q_{2\text{-}1} = \frac{b}{a}\bar{q} \tag{6.14}$$

显然,梯形剪切板两底边的剪流等于腰上的剪流 $\bar{q}$ 乘以两底边的长度比,而且长边剪流小于 $\bar{q}$,短边剪流大于 $\bar{q}$。

由以上关系式可以推出:

$$\bar{q} = \sqrt{q_{4\text{-}3}q_{2\text{-}1}} = \sqrt{q_{2\text{-}3}q_{4\text{-}1}} \tag{6.15}$$

分析式(6.12)~式(6.15)可知,梯形剪切板两腰上的剪流大小相等,且其四边上的剪流也可以用一个未知剪流来表示,因此,可以认为梯形剪切板的内力是一个变量。

基于对以上四种形状的剪切板的分析,可以得出以下结论:对于矩形、平行四边形和梯形剪切板,其内力是一个变量,一旦已知某一边上的剪流,其他三边的剪流便可求出,也就是说,以上四边形剪切板的内力是一个独立变量。因此,可以将四边形剪切板看作是一个约束,而三角形剪切板由于不存在剪流而不起约束作用。

需要注意的是,利用剪切板元件的静力平衡条件,确定的板平衡时剪流的真实方向应该满足这一原则:在相邻两边的剪流总是头对头和尾对尾的。对于任意一个剪切板,若通过剪流箭头方向所指的角顶作一条对角线,那么这条对角线只可能有两种方向。一般可用正负号区别不同方向的剪流,若规定某一方向为正时,则另一方向就规定为负。

6.2.3 杆 件

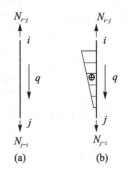

图 6.8 杆件的平衡情况

在板杆结构计算模型中,杆与板之间只存在相互作用的剪流。对于杆元件,剪流的方向与杆轴线方向一致,而杆件既要承受来自剪切板的剪流,同时还承受两端结点上作用的轴向力,杆件在这些力的共同作用下处于平衡状态。从两个结点之间取出一根杆元件,其长度为 l,如图 6.8 所示,其所受的轴力为 N,受到由板件传来的剪流为 q(若杆件多侧均与板件连接,则 q 代表来自各板件剪流的合成剪流,即 q 为各剪流的代数和)。

杆件上的平衡方程为

$$N_{i-j} = N_{j-i} + ql \tag{6.16}$$

上式表明,若剪流大小已知,则杆件一端的轴力能用另一端的轴力表示,即杆件两端的轴力仅相当于一个独立变量。

为计算杆件内任意一点处的轴力,距坐标轴原点距离为 x 处,取杆件的 $i-x$ 段,杆件任一截面上的轴力为 $N(x)$。根据平衡条件,在 x 方向上杆件的合力为零,列出以下平衡方程

$$N_{i-j} - N(x) - qx = 0 \tag{6.17}$$

由以上平衡方程,得到

$$N(x) = N_{i-j} - qx \tag{6.18}$$

分析式(6.18)可知,如杆件上的剪流和一端的轴力已知,则可通过平衡方程求解杆件上任一点处的轴力。

由于 q 为常量,所以杆件轴力沿轴线为线性变化,其斜率为

$$\frac{\partial N(x)}{\partial x} = -q \tag{6.19}$$

由以上分析可以得出以下结论,对于杆元件,若一端轴力已知,则可以确定另一端的轴力,因此,杆件本身也是一个独立变量,故可以将杆件作为一个约束。

6.3 杆件结构的几何特性

根据受力系统几何形状的可变性,可将其分为几何可变系统、几何不变系统和瞬时几何可变系统。顾名思义,几何可变系统是指,在一般载荷作用下,系统结构的几何形状和空间位置将发生改变的系统,其特征为:在载荷作用下结构的几何形状将一直改变下去,元件无弹性变形也不会产生应力,因而无法承受载荷,不能作为受力系统;几何不变系统是指,在任意载荷作用下,系统结构的几何形状及空间位置均保持不变的系统(不计材料的弹性变形),其特征为:结构的几何形状仅发生微小的弹性变

形而能保持其几何形状不变,元件内存在弹性形变并产生应力,因而可承受任意形式的载荷,可作为受力系统;瞬时几何可变系统是指,原本具有几何可变系统特征,但经微小位移后转化为几何不变的系统,其特征为:在载荷加载的瞬间,由于系统受力不能平衡而发生位移,在发生微小位移后,结构无法继续产生位移,几何形状不能任意改变下去,这类系统的元件或者约束安排不合理,不能作为受力系统。因此,只有几何不变系统才是飞机杆件结构的研究对象。

6.3.1　几何特性与判断方法

工程结构的作用是承受载荷并将外载荷传递至支座,对飞机结构而言,支座往往是虚拟的。当对结构施加外载荷时,结构在载荷作用下将发生弹性形变并在结构的材料内部产生内力,这些内力将与外界施加的载荷相互平衡,因此,可以说外载荷是通过这些内力来传递的。为了使结构具有承力和传力的功能,要求结构必须满足几何不变性和不可移动性。对某一给定的受力系统,能否承受和传递外载荷,取决于该系统中元件之间的连接关系,即系统的几何组成。受力系统的几何特性是指系统各元件之间不应发生相对的刚体位移以保证系统原来的几何形状。

几何不变性是指,若不计元件由于弹性变形而引起的结构几何形状的微小变化,在任意形式载荷的作用下,结构保持其几何形状不变的特性。几何不变性是杆件结构承力和传力的必要条件。不可移动性是指,在外载荷作用下,结构与支座之间不能产生相对运动。对于飞行器结构来讲,不可移动性是相对的,因为飞行器结构是自身平衡的系统。

在任意载荷作用下,只有几何不变和不可移动的结构才能承力和传力;反之,只有能承力和传力的结构在任意载荷作用下才是几何不变和不可移动的。几何不变和不可移动的是结构能够承力和传力的充分必要条件。

根据以上分析,判断结构的几何特性,即结构的几何不变性和不可移动性,是判断结构是否能够承力和传力,是否能作为合理的工程结构的首要任务。在结构力学中,我们主要采用"静力学方法"和"运动学方法"两种方法。

静力学方法是通过核算结构的内力,检验结构是否能提供有限的内力来平衡给定的外载荷,进而间接确定结构是否几何不变和不可移动。该方法既适用于构成比较简单的结构,对于构成比较复杂的结构也能适用。然而一般的实际结构都比较复杂,计算结构的内力比较困难,因此,在实际应用中静力学方法比较少使用。

运动学方法通过引入自由度(确定物体位置所需要的独立坐标数目,或系统运动时可独立改变的几何参数数目)和约束(减少自由度的装置,减少的自由度数即等于约束数),将组成系统的全部元件,分为自由体和约束体(自由体和约束体的选定需灵活运用,无硬性规定),计算系统元件中全部自由体的自由度数和全部约束体的约束数。通过比较和分析总自由度数和总约束数,可以直接判断结构的几何不变性和不可移动性。如果元件组装成结构后只剩下刚体自由度,则该结构是几何不变的,但它是可移动的;如果组装后结构的自由度为零,则结构是几何不变的,也是不可移动的。

运动学方法比较直观,但仅仅通过计算自由度和约束数的关系并不是判断结构的几何特性的充分条件,还需要检查结构的元件或约束是否合理,才能确定结构是否为几何不变系统。因此,该方法适用于组成简单的结构。若在复杂结构中使用运动学方法,可将复杂结构拆分为若干简单的子结构,首先运用运动学方法判断每个子结构的几何不变性,再通过组成法判断整体结构的几何不变性,最后判断结构的不可移动性。

6.3.2 桁架结构的几何特性

1. 静力学方法

静力学方法利用结构平衡计算,可以有效地判断结构的几何不变性。通过核算结构的内力,检验结构是否能提供有限的内力来平衡给定的外载荷,进而确定结构是否几何不变。如图 6.9(a)所示,存在一种最简单的平面桁架结构,由 1 个结点和两根杆件所组成。下面我们利用静力学方法来判断其几何不变性。

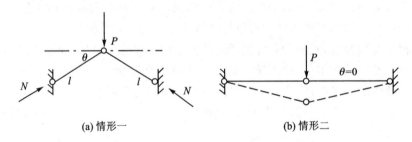

(a) 情形一   (b) 情形二

图 6.9 静力学方法判断几何不变性

根据图 6.9(a)中所示的结构及载荷情况,在外载荷 P 的作用下,杆件将产生内力 N,根据平衡条件,可以得

$$N = \frac{P}{2\sin\theta} \tag{6.20}$$

由式(6.20)可以看出,若 θ 趋近于 0,则杆件内部产生的内力趋于无穷大。表明了当 θ 的值很小时(两根杆件几乎处于一条直线,且载荷与该直线几乎相互垂直),该结构无法提供有限大的内力来平衡(传递)外载荷。

存在一种特殊的情况,如图 6.9(b)所示,在外载荷 P 作用下,根据方程(6.20)可知,杆件内将产生很大的内力 N 与载荷平衡,此时,杆件的伸长变形较大,使得结点位置明显改变(至图中虚线位置),该结构是瞬时几何可变的。这一状态下,结构杆件的弹性变形将增加 θ 值从而使内力 N 减小(仍与外载荷相平衡),而由于杆件弹性变形量是有限的,因此杆件仍然需要承受很大的内力 N。

2. 运动学方法

根据本章 6.1 节有关桁架结构的知识,我们知道桁架结构由两个元件组成:杆件和铰链。根据元件组成的空间特性,我们将桁架结构分为平面桁架和空间桁架。平面桁架:施加在结点上的所有载荷与全部杆元件的轴线均处于同一平面上。空间桁架:施加在结点的载荷与各杆件的轴线不处于同一平面上(也不处于同一条直线上)。利用运动学方法,下面我们讨论桁架结构两个组成元件的自由度和约束。

为了确定桁架结构中某一根杆的运动状态,在平面内杆件具有 3 个自由度(2 个线位移和 1 个角位移),空间中的杆件具有 5 个自由度(3 个线位移和 2 个角位移,杆件不存在围绕其轴线的转动自由度)。而杆件所能提供的约束,不论是平面杆还是空间杆,一根杆件仅能提供 1 个约束(杆件自身的长度对于其两端的铰链的线位移为一个约束)。

为了确定一个铰链的运动状态,平面内,一个铰链具有 2 个自由度(2 个线位移),在空间中一个铰链具有 3 个自由度(3 个线位移)。而铰链所能提供的约束,平面中的铰链能消除 2 个自由度(2 个线位移),但是不能消除转动,因此相当于 2 个约束;空间中的铰链能消除 3 个自由度,因此空间铰链相当于 3 个约束。

根据以上自由度和约束的分析,对于桁架结构(无论是平面桁架还是空间桁架),若将杆元件看作约束,则杆元件均提供 1 个约束;因此,桁架结构中可以将结点(铰链)看作是具有自由度的点(平面受力系统中具有 2 个自由度,空间受力系统中具有 3 个自由度),而杆件则作为提供一个约束的约束,可以比较容易地判断其几何不变性和不可移动性。因此,对于桁架结构,一般把结点看作是自由体,而把杆元件看作是约束。

根据几何不变性和不可移动性的定义,判定某一桁架结构是几何不变的和不可移动的,应满足下列条件。

(1) 对于平面桁架:几何不变性要求结构的自由度数与约束数的差小于或等于 3;不可移动性要求结构的自由度数与约束数的差小于或等于 0。

(2) 对于空间桁架:几何不变性要求结构的自由度数与约束数的差小于或等于 6;不可移动性要求结构的自由度数与约束数的差小于或等于 0。需要强调的是,以上条件仅仅是桁架结构满足几何不变性和不可移动性的必要条件,而非充分条件,还应考察结构的组成形式,元件或约束的安排是否合理。分析实际结构时,通常先判断结构的几何不变性,再判断结构的不可移动性,以避免由于支座约束过多而造成的虚假判断。

当结构的元件较多,构成比较复杂时,可利用组成法判断其几何不变性(但可移动)。对于复杂平面桁架结构,考虑一个简单的组成单元,如图 6.10(a) 所示,不共线的 3 个结点,其自由度共为 6 。利用 3 根杆件将三个结点相连,构成一个三角形结构,由于每根杆件相当于 1 个约束,因此该结构还剩下 3 个自由度,这样,就获得了一个最简单、基本的几何不变但可以移动的平面桁架结构。在此基本结构的基础上,每增加 1 个结点,需要用 2 根杆件与此结构相连(平面结构中的杆件不能交叉和重叠),如图 6.10 (b) 所示,可以证明,这样组成的结构必然具有几何不变性。最后,再用 3 根不相交于一点、且不互相平行的杆把这个几何不变的结构连接到基础上,如图 6.10 (c) 所示,则该结构是既几何不变又不可移动的。

同样地,可以将以上方法推广至空间桁架结构。若空间中存在不共面的 4 个结点,则共有 12 个自由度,利用 6 根杆将其相连,则自由度为 6,这样就构成了最简单的几何不变但可以移动的空间桁架结构。在此基本结构的基础上,每增加 1 个结点,需要用 3 根不在同一平面上的杆与此结构相连,可以证明,这样组成的结构必然是具有几何不变性。最后,再用 6 根不在同一平面且不通过同一轴线的杆把这个几何不变的结构连接到基础上,则该结构是既几何不变又不可移动的。

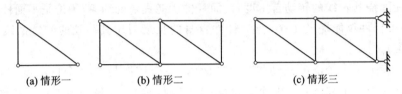

(a) 情形一　　　　　　　(b) 情形二　　　　　　　(c) 情形三

图 6.10　平面桁架结构的组成法

比较以上两种方法可以看出,尽管静力学方法是直接有效的,但对于复杂结构,求解结构的内力的工作量较大且繁琐,而运动学方法虽然直观,但自由度和约束的关系只是判断结构几何特性的必要条件,对于复杂连接方式也难以判断。

对于复杂结构的几何不变性和不可移动性的判断,我们可以采用组成法实现。该方法一般步骤为:先将一个复杂结构分解为若干简单(基本)结构;然后通过静力学或运动学方法判断分解所得简单结构的几何不变性;再通过组合连接方式来判断整个结构的几何不变性。

根据以上分析,对于复杂桁架结构,可以先利用简单的组成法判断出具有几何不变性的部分结构,作为简单子结构,然后将简单子结构看作刚体,进而将原复杂结构进一步简化,再检验各简单子结构之间的连接是否满足以下要求:①对于平面桁架,子结构之间至少由 3 根不相交于一点、且不互相平行的杆件相连;②对于空间桁架,子结构之间至少由 6 根不在同一平面、且不通过同一轴线的杆相连。若满足以上条件,则结构具有几何不变性。最后,根据支座条件,判断结构的不可移动性。

6.3.3　刚架结构的几何特性

我们一般利用运动学方法判断刚架结构的几何特性。刚架结构包含两种元件:杆件和刚性结点。由于刚性结点满足杆件之间的夹角在变形前后保持不变,因此不具有独立的自由度也不提供独立的约束。而刚架结构的杆件能承受任意形式的载荷(轴力、剪力、弯矩和扭矩)作用。与桁架结构类似,我们将刚架结构分为平面刚架和空间刚架进行分析。

平面刚架:其所有元件(轴线)和施加在元件上的载荷均位于同一平面上。每个元件具有 3 个自由度(包括 2 个平移和 1 个转动自由度)。每增加一个通过刚性结点连接在一起的元件,连接后仍具有 3 个自由度,因而是几何不变的。只要用 3 个或 3 个以上的约束(刚性接头或铰链)将这样的结构与基础相连接,则该刚架结构具有几何不变性和不可移动性。

空间刚架：元件(轴线)和施加在元件上的载荷不是全部在同一平面内。首先来讨论元件的自由度和约束。

存在空间刚架结构，如图 6.11 所示，每个元件具有 6 个自由度(3 个平移自由度和 3 个转动自由度)。依次通过刚性结点连接后的刚架，仍具有 6 个自由度，因此是几何不变的。只要用 6 个或 6 个以上的约束(刚性接头或铰链)将这样的结构与基础相连，则该空间刚架结构具有几何不变性和不可移动性。

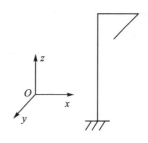

实际工程结构中，常常存在既有桁架又有刚架的混合结构，对于这种结构可以采用组成法进行分析。

图 6.11　空间刚架结构

6.3.4　板杆结构的几何特性

由本章 6.2 节的内容分析可以知道，板杆结构中的四边形剪切板和杆件均能看作一个约束，因此，采用运动学方法判断板杆结构的几何不变性是十分方便和有效的。根据板杆结构的特征，可以将四边形剪切板看作一个斜杆，这样，板杆结构可等效于桁架结构。因此，可以利用桁架结构几何特性的判断方法来分析板杆结构的几何不变性和不可移动性。

存在如图 6.12 所示的平面板杆结构和空间板杆结构。对于图 6.12(a)中的平面板杆结构，共具有 6 个结点，因而自由度数为 12；共具有 7 根杆和 2 个板件，所以约束数为 9；自由度与约束之差为 3，是几何不变结构。对于图 6.12(b)中的空间板杆结构，共具有 12 个结点，自由度数为 36；共具有 20 根杆和 11 个板，所以约束数为 31；自由度数与约束数之差为 5，是几何不变结构。

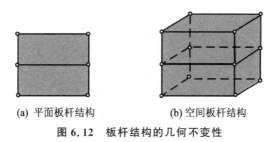

(a) 平面板杆结构　　　　　(b) 空间板杆结构

图 6.12　板杆结构的几何不变性

6.4　静定结构的力法分析

6.4.1　静定结构概念与力法静力分析

所谓静定结构，是指没有多余约束的几何不变体，结构的自由度数与结构的约束数相等，且具有几何不变性和不可移动性。静定结构静力分析的特点是，可以直接从平衡方程得到元件的内力和支座反力。静力学上,自由度代表结构能提供的静力平衡方程数目,而约束数代表未知力(元件力和支反力)总数,由线性代数知识可知,当方程的数目(方程组的秩)等于未知量的数目时,未知量可以由这组方程全部求出,且解是唯一的。因此,对于静定结构,在已知外载荷作用下,系统中的全部未知力由静力平衡方程唯一确定。也可以这么理解,满足静力平衡方程的解,就是静定结构的真实受力状态。

结构静力学分析中,主要方法有力法和位移法。力法就是选取结构的内力(或反力)为基本未知量,根据平衡条件和变形协调条件,求出结构的内力。力法是基于能量原理的方法,对应的能量原理是余能原理。根据求解未知量所需的条件,能够直接由平衡方程求得内力的结构被称为静定结构,而需要由平衡条件和变形协调条件共同求解内力的结构被称为静不定结构。

6.4.2　静定桁架结构的静力分析

根据本章 6.1.1 的内容可知,桁架结构中的受力(传力)元件是等轴力的杆元件。对于静定桁架结构,可以由平衡方程直接求得杆的内力。一般采用结点法和截面法列出平衡方程。采用结点法时,对于平面桁架结构,每个结点列出 2 个力的平衡方程(自由度为 2);对于空间桁架结构,每个结点列 3 个力的平衡方程(自由度为 3)。采用截面法时,对于平面桁架结构,每个部件列出 2 个力的平衡方程和 1 个力矩平衡方程;而对于空间桁架结构,每个部件列出三个力的平衡方程及三个力矩平衡方程。

对静定桁架结构进行静力分析时,应首先找到零力杆(内力为零的杆件),可以极大简化静力分析。确定零力杆的基本原则如下:首先,若平面上某一结点只有不共线的 2 根杆件相连,或空间中某一结点只有不共面的 3 根杆相连,且结点上无外载荷作用,则与该结点相连的所有杆件的轴力均为零。其次,若平面上某一结点有 3 根杆件相连,且其中 2 根杆共线,或空间某一结点有 n 根杆件相连,其中有 $(n-1)$ 根杆件共面,且结点上无外载荷作用,则不共线或不共面的那几根杆件的轴力为零。

例题 6-1　存在图 6.13 所示的平面桁架结构,在 2 点处受载荷 P 的作用,求桁架的内力。

解:

根据运动学方法,可以判断该桁架为静定结构。根据零力杆的确定原则,由结点 1、4、6 可以得出杆 1-2、1-6、3-4、4-5、2-6、5-6 均为零力杆,采用结点法对桁架结构进行内力求解。

在结点 2 处可以分别建立 x 和 y 方向上的平衡方程:

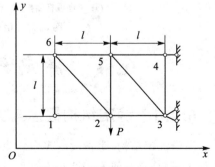

图 6.13　桁架结构内力计算

$$\begin{cases} N_{2-1} - N_{2-3} + \dfrac{\sqrt{2}}{2} N_{2-6} = 0 \\[3mm] N_{2-5} + \dfrac{\sqrt{2}}{2} N_{2-6} - P = 0 \end{cases}$$

由于杆 1 - 2 和杆 2 - 6 为零力杆,可以求解得

$$\begin{cases} N_{2-3} = 0 \\ N_{2-5} = P \end{cases}$$

在结点 5 处可以分别建立 x 和 y 方向上的平衡方程:

$$\begin{cases} N_{5-6} - N_{5-4} + \dfrac{\sqrt{2}}{2} N_{5-3} = 0 \\[3mm] N_{5-2} + \dfrac{\sqrt{2}}{2} N_{5-3} = 0 \end{cases}$$

由于杆 5 - 6 为零力杆,且 $N_{2-5} = P$,则求解上式可以得到

$$\begin{cases} N_{5-3} = -\sqrt{2}\,P \\ N_{5-4} = -P \end{cases}$$

　　用粗线表示载荷 P 作用下受力的杆件,细线表示不受力的杆件(零力杆),对以上桁架结构绘制传力路线,可以得到如图 6.14 所示受力传力情况。

　　如图 6.14 所示的桁架结构受力情况,载荷 P 通过杆 2 - 5、3 - 4 和 5 - 4 传递到基础上,则杆 2 - 5、3 - 4 和 5 - 4 就组成了载荷 P 的传递路径,称为该结构在承受载荷 P 作用下的"传力路线"。

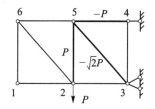

图 6.14　桁架的传力路线

6.4.3　静定刚架结构、板杆结构的静力分析

　　对于平面刚架,杆元件内存在三种内力,即轴力 N、剪力 Q 和弯矩 M(平面刚架只有在外力作用方向与轴线不一致时才产生扭矩)。对于空间刚架,杆元件有六种内力,即轴力 N、剪力 Q_y 和 Q_z、弯矩 M_z 和 M_y、扭矩 M_x。其中,轴力、剪力和扭矩可以沿元件轴线方向保持一个常数不变(当集中力只作用于刚性结点时),也可以沿轴线变化(沿轴线分布有载荷作用的情况下)。但弯矩一般为变值,除非在刚性结点上只有集中弯矩作用。对于静定刚架结构,一般从自由端开始计算其内力。如果无自由端,则一般首先计算支座的反力,再由支座开始计算内力。

　　静定板杆结构内力可以根据结点和杆件的平衡条件进行求解,在桁架结构的静力分析中,我们介绍了"零力杆"的判断方法、结点法和截面法,这些方法在求解板杆结构的内力时均可以使用。在板杆结构的力学法静力分析中引入"零端力杆",它是指在一个端点的轴力为零的杆件。根据 6.2 节的内容可知,由于杆件的轴力沿轴线

呈线性变化,因而杆件另一端的轴力可由平衡方程进行计算或判定。先判断出"零端力杆",可使计算大大简化。

6.5　静不定结构的力法分析

6.5.1　静不定结构概念

静不定结构是指具有多余约束(结构的自由度数小于约束数),且满足几何不变性和不可移动性的结构,所谓多余约束是指:去掉该约束后,不会改变原结构的几何不变性,通常,将多余约束(多余未知力)的数目称为结构的静不定次数或静不定度。静力学上,自由度代表结构能提供的静力平衡方程数目,而约束数代表未知力的总数,由线性代数知识可知,当方程的数目(方程组的秩)小于未知量的数目时,满足这组方程的未知量的解有无穷多组。因此,对于静不定结构,在满足静力平衡方程的无穷多组解中,只有其中一组解是真实的,这组解必须同时满足变形协调方程。也就是说,仅满足静力平衡方程的解,不一定是静不定结构的真实内力解,只有既满足静力平衡条件,又满足变形协调条件的内力,才是静不定结构的真正的内力。

与静定结构相比,静不定结构具有以下特点:首先,静定结构具有多余约束,且其静力平衡方程数目小于未知力的数目。满足静不定结构平衡条件和力的边界条件的内力解有无穷多组,但只有同时满足平衡条件和变形协调条件的解才是真实的解。而静定结构的内力解可以根据平衡条件直接求出。其次,静不定结构在载荷作用下没有唯一的传力路线,静不定度越高,传力路线越多。同时,每条传力路线上的载荷分布也不是唯一确定的,它与结构元件的刚度密切相关(通过改变结构的几何和物理参数,将改变各传力路线的载荷分布)。而静定结构在载荷作用下的传力路线是唯一的。因此,静不定系统具有更高的安全性和生存力。另外,静不定结构的内力和形变除了与外载荷有关外,还与各元件的几何特性和材料特性有关;而静定结构的内力则只与载荷有关。

分析图 6.15 所示的两种不同结构,可以发现静定结构与静不定结构在传力路线上的区别。可以证明图 6.15(a)中所示的结构为静定结构,载荷 P 通过静定桁架的上部三角形传递到支座上,这一传力路线是唯一的。图 6.15(b)所示的静不定结构,由于比静定桁架增加了 1 个元件,在传递载荷 P 时,增加了 1 条可能的传力路线,共有 2 条传力路线。第 1 条传力路线为桁架的上部三角形,通过杆 3-4、杆 3-1 和杆 1-4 将载荷传递至基础上,与静定结构中的传力路线相同;而第 2 条传力路线为与结点 2 相连的三根杆件。假定图中所示结构各杆件的剖面面积和弹性模量均相同,可以求得其内力(如图 6.15(b)所示),显然,每条传力路线各传递一半的载荷。

在静力学分析的力法中,静定结构和静不定结构的求解方式有很大差异。在求解某一个结构的内力时,首先必须判断结构是静定还是静不定的。如果是静不定结

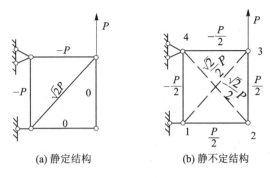

(a) 静定结构　　　　　　　(b) 静不定结构

图 6.15　静定与静不定结构

构，还需要求出其静不定度，可以通过自由度数和约束数的关系直接求得结构的静不定度。对于板杆结构，也可以用一些十分直观简便的方法判断其静定和静不定，并给出静不定结构的静不定度。

对于平面板杆结构，可以根据以下两个原则判断：

（1）"单连通"（指板杆结构的轮廓线能够一笔画出，即中间无孔洞）且轮廓内部没有结点的平面板杆结构是几何不变且静定的。

（2）"单连通"且内部有结点的"正规格子"（指划分网格的直线均与外轮廓线相交）的平面板杆结构具有的多余约束数（静不定度）K 等于内部结点的数量。

6.5.2　静不定结构内力计算

静不定结构的约束数多于自由度数，也即未知的内力数多于平衡方程的数。因此，采用力法求解时，不能直接由平衡方程求解出所有的未知内力，需要选取多余约束的内力（或反力）为基本未知数，首先利用平衡条件和变形协调条件，求出这些基本未知力，然后再求出结构的其他内力。力法对应的能量原理是余虚功原理或最小余能原理。

对于静不定结构，假定其具有 $m+n$ 个约束（内力），其中 n 为多余约束数；根据平衡条件可以列出 m 个平衡方程，还有 n 个多余的未知内力。记这 n 个任意选择的内力为 X_i，$i=(1,2,3,\cdots,n)$，则 m 个内力可以表示为已知的外载荷 P 和未知多余内力 X_i 的函数，即

$$N_j=N_j(P,X)\quad j=(1,2,3,\cdots,m) \tag{6.21}$$

由于内力 X_i 之间是相互独立的，可以选择 n 个互相独立的单位状态<1>、<2>、$\cdots$、<n>表示相应 X_i 的内力分布，这些单位状态均为自身平衡状态（此时无外载荷作用）。再选择一种<P>状态，表示与外载荷 P 相应的内力分布，只要求这个状态下的内力能与外力相平衡，并满足力的边界条件。将以上的内力分布求和，可以获得结构的内力，通过应力应变的关系，得到各元件的应变和变形。

$$N=N_p+\sum_{k=1}^{n}X_k\overline{N_k} \tag{6.22}$$

式中，$\overline{N_k}$ 为单位 $<k>$ 状态的内力。

根据余虚功原理或最小余能原理，单位内力状态 $<i>$ 与真实变形状态（即与 N_j 对应的变形状态）乘积在整个体积上的积分等于零，由变形协调条件建立正则方程：

$$u_i = \sum_{j=1}^{n} \delta_{ij} X_j + \Delta_{ip} = 0 \quad (i,j = 1,2,\cdots,n) \tag{6.23}$$

式中，$u_i (i=1,2,\cdots,n)$ 表示与单位状态 $<i>$ 的广义力所对应的广义位移，它由两部分变形组成：第一部分是由外力引起且与单位广义力 X_i 对应的广义位移 Δ_{iP}，下标的第一个字母和第二个字母分别表示广义位移的性质和引起该广义位移的原因。第二部分是单位力 $X_i = 1$ 引起并与单位状态 $<i>$ 对应的广义位移 δ_{ij}。式中的 δ_{ij} 和 Δ_{iP}，对于桁架结构，有

$$\begin{cases} \delta_{ij} = \sum_{k=1}^{z} \dfrac{N_{jk} N_{jk}}{EA_k} L_k \\[2mm] \Delta_{ij} = \sum_{k=1}^{S} \dfrac{N_{jk} N_{pk}}{EA_k} L_k \quad (i,j = 1,2,\cdots,n) \\[2mm] \delta_{ij} = \delta_{ij} \end{cases}$$

式中，z 表示结构杆元件的总数量。

对于刚架结构，有

$$\begin{cases} \delta_{ij} = \oint \dfrac{M_i M_j}{EI} \mathrm{d}s + \oint \dfrac{N_i N_j}{EA} \mathrm{d}s + \oint \dfrac{Q_i Q_j}{GA} \mathrm{d}s \\[2mm] \Delta_{ij} = \oint \dfrac{M_i M_p}{EI} \mathrm{d}s + \oint \dfrac{N_i N_p}{EA} \mathrm{d}s + \oint \dfrac{Q_i Q_p}{GA} \mathrm{d}s \quad (i,j = 1,2,\cdots,n) \\[2mm] \delta_{ij} = \delta_{ij} \end{cases}$$

对于板杆结构，δ_{ij} 和 Δ_{iP} 为

$$\begin{cases} \delta_{ij} = \sum_{k=1}^{S} \dfrac{q_{jk} q_{jk}}{Gt_k} A_k \\[2mm] \Delta_{ip} = \sum_{k=1}^{S} \dfrac{p_{jk} p_{pk}}{Gt_k} A_k \quad (i,j = 1,2,\cdots,n) \\[2mm] \delta_{ij} = \delta_{ij} \end{cases}$$

通过求解正则方程，可以得出未知内力 X_i，并进一步解出内力 N_j。

下面将通过一个静不定结构的案例，说明力法基本原理和力法正则方程及求解静不定结构内力的步骤。如图 6.16 所示的静不定结构，其中桁架结构各杆件的横截面积 A 和弹性模量 E 均相同。

首先，根据运动学方法判断图 6.16 所示桁架结构的静不定度为 2。需要有 2 个独立的多余未知力，假设多余未知力为 X_1 和 X_2。

然后，选取单位状态 $<1>$ 和 $<2>$ 及 $<P>$ 状态。单位状态要求自身平衡且不

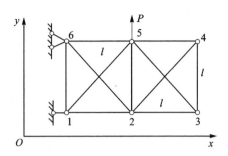

图 6.16　静不定桁架结构

同单位状态之间彼此独立,意味着每个自身平衡的单位状态的内力分布范围应尽可能小,避免与其他单位状态有较多的重叠,选择图 6.17(a)和(b)中的两个单位状态。

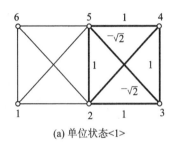
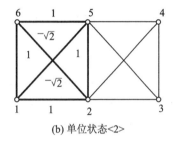

(a) 单位状态<1>　　　　　　　　　　(b) 单位状态<2>

图 6.17　单位状态的选取

　　<P>状态的选取只要求内力能与外力相平衡,并满足力的边界条件即可。因此,在选择< P >状态时应尽量简单,原则上使得"零力杆"越多越好(见图 6.18)。图 6.17(a)所示为一种<P>状态,"零力杆"用细线表示。

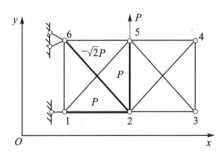

图 6.18　<P>状态的选取

　　选择完成后,桁架的真实内力可以计算得

$$N = N_p + X_1 \overline{N_1} + X_2 \overline{N_2} \tag{6.24}$$

　　由于<P>状态、单位状态<1>和<2>均满足平衡条件,因此方程(6.24)中所表达的内力状态也必然满足平衡条件,将多余未知力 X_1 和 X_2 看作两个广义力。根

据变形协调条件,得到以下正则方程:

$$u_j = \sum_{j=1}^{n} \delta_{ij} X_j + \Delta_{ip} = 0 \quad (i=1,2) \tag{6.25}$$

将式(6.24)代入式(6.25)中并展开,得:

$$\begin{cases} u_1 = \sum_{i=1}^{11} \dfrac{N_{pi}N_{1i}}{EA}L_i + X_1 \sum_{i=1}^{11} \dfrac{N_{1i}N_{1i}}{EA}L_i + X_2 \sum_{i=1}^{11} \dfrac{N_{2i}N_{1i}}{EA}L_i = 0 \\ u_2 = \sum_{i=1}^{11} \dfrac{N_{pi}N_{2i}}{EA}L_i + X_1 \sum_{i=1}^{11} \dfrac{N_{1i}N_{2i}}{EA}L_i + X_2 \sum_{i=1}^{11} \dfrac{N_{pi}N_{1i}}{EA}L_i = 0 \end{cases}$$

式中,$u_k(k=1,2)$ 表示与单位状态$<k>$的广义力对应的广义位移。

得到正则方程如下:

$$\begin{cases} 9.66 + X_1 + P = 0 \\ X_1 + 9.66 X_2 + 2(1+\sqrt{2})P = 0 \end{cases}$$

由此可以求解出 X_1 和 X_2 的值为

$$\begin{cases} X_1 = -0.05P \\ X_2 = -0.49P \end{cases}$$

将 X_1 和 X_2 值代入式(6.24),并参照图 6.17 和图 6.18 中的$<P>$、$<1>$和$<2>$状态,可得出满足平衡条件和变形协调条件的全部真实内力解(如图 6.19 所示)。

$$N_{1-2} = 0.51P, \quad N_{1-5} = 0.70P, \quad N_{1-6} = -0.49P$$
$$N_{2-3} = -0.05P, \quad N_{2-4} = -0.07P, \quad N_{2-5} = 0.05P, \quad N_{2-6} = -0.71P$$
$$N_{3-4} = 0.05P$$
$$N_{4-5} = N_{3-4}$$
$$N_{5-6} = -0.49P$$

通过此案例,对比静定结构的内力分析,可以看出相同载荷和边界条件及情况下,静定和静不定结构在内力上的主要区别为:静定结构的传力路线是唯一的,而静不定结构的传力路线不唯一。

为了说明单位状态的选取对结构内力分析的影响,保持其他状态不变,仅将图 6.17 中的单位状态$<1>$变为 6.20 所示的单位状态。

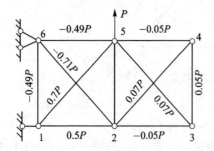

图 6.19　内力求解结果

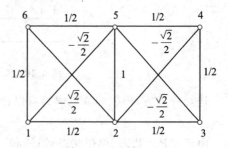

图 6.20　另一种单位状态的选取

重复力法求解的上述步骤,可得正则方程:

$$\begin{cases} 5.33X_1 + 5.33X_2 + 2.91P = 0 \\ 5.33X_1 + 9.66X_2 + 4.83P = 0 \end{cases}$$

整理上式可以求解出 X_1 和 X_2 的值:

$$\begin{cases} X_1 = -0.1P \\ X_2 = -0.44P \end{cases}$$

进一步可以求出全部内力,内力计算结果与选择前一种单位状态的结果相当。

通过比较图 6.16 所示静不定结构和图 6.13 所示静定结构的内力分布,可以发现在静定结构中,在自由端与载荷 P 之间的那部分结构,由于不传递载荷,所以内力不为零;但在静不定结构中,这部分杆件虽然不传递载荷,但在变形协调要求下将产生自身平衡的内力,当然,这部分内力的值是很小的。

经以上分析,可以发现不同单位状态的选择都能够计算得到结构内力,但不同单位状态的选择会导致计算效率有所差别(复杂结构情况下将会更加明显)。比较两种单位状态选择情况下的正则方程,前一种情况下,主对角系数比其他副系数要大得多,有利于提高解的精度;而在后一种情况下,主对角系数与副系数相差不大,甚至相等,则不利于获得精确解。因此,载荷状态和单位状态可以有多种选择,但不同的选择对于静不定结构的内力计算效率和精度有较大的影响。下面讨论载荷状态和单位状态的选取原则。首先,分析结构内力的表达式:

$$N = N_p + \sum_{k=1}^{n} X_k \overline{N}_k$$

由于 X_k 需要由正则方程求解,可以认为 P 状态是主要内力,而 X_k 认为是对主要内力的修正,因此,在选取 P 状态时,应尽量接近其真实情况。

分析正则方程

$$\sum_{j=1}^{n} \delta_{ij} X_j + \Delta_{ip} = 0$$

将其展开后得到

$$\begin{cases} X_1\delta_{11} + X_1\delta_{12} + \cdots X_n\delta_{1n} + \Delta_{1p} = 0 \\ X_1\delta_{21} + X_2\delta_{22} + \cdots X_n\delta_{2n} + \Delta_{2p} = 0 \\ \vdots \\ X_1\delta_{n1} + X_1\delta_{n2} + \cdots X_n\delta_{nm} + \Delta_{np} = 0 \end{cases}$$

分析上式的线性代数方程组可以得出,为提高 X_k 的精度并提高计算效率,主对角线系数的值越大越好,其他位置上的系数尽量为零(这样可以尽量减少方程组中的交叉项)。由此,我们得出载荷状态和单位状态选取时所需要满足的原则:首先,载荷状态的传力路线尽量选取与真实传力路线一致。其次,不同单位状态需要相互独立。另外,不同单位状态之间的耦合越少越好。

6.5.3 单位载荷法计算位移

在采用力法分析时,求解内力必须首先区分静定结构和静不定结构。但在计算其位移时,均采用单位载荷法。在上一章中,我们已经学习了基于余虚功原理的单位载荷法。单位载荷法求解位移的步骤如下:①求解结构的内力,并得到结构元件的应变 ε_i、γ_{ij};②施加与待求解位移相对应的单位虚广义载荷 $\delta P_r = 1$,得到虚广义单位状态;③求解虚广义单位状态的内力 $\bar\sigma_i^r$、$\bar\tau_{ij}^r$。注意,该内力仅需满足结构内部平衡条件和力的边界条件;④采用单位载荷定理,可以得到待求的广义位移为

$$u_r = \int (\varepsilon_x \bar\sigma_x^r + \varepsilon_y \bar\sigma_y^r + \varepsilon_z \bar\sigma_z^r + \gamma_{xy}\bar\tau_{xy}^r + \gamma_{yz}\bar\tau_{yz}^r + \gamma_{zx}\bar\tau_{zx}^r)\, \mathrm{d}V$$

6.6 静力分析的位移法

与力法将力作为基本未知量不同,位移法将位移(广义位移)作为基本未知量,通常是选取满足位移边界条件的位移函数,根据几何方程写出未知位移表示的应变,再由物理方程写出未知位移表示的应力,最后由平衡条件(或虚位移原理、最小总位能原理)求解出所有的未知位移,这就是位移法的基本思路。位移法的优势在于其规范的求解步骤,适合使用计算机进行求解。但该方法存在的主要问题是难以找到满足位移边界条件的全局位移函数。为了解决此问题,有限元方法是一种十分有效的途径。

下面我们通过一个例题展示位移法求解的基本步骤。

例题 6 - 2 存在如图 6.21 所示的桁架,假定各杆件剖面面积 A 和材料弹性模量 E 均一致,求各杆的轴力。

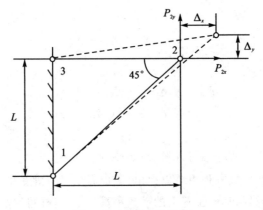

图 6.21 桁架结构分析

解:

对于图 6.21 所示的平面桁架,采用位移法求解,由于仅有结点 1 可以产生位移,因

此仅有两个位移未知量 Δ_x 和 Δ_y。下面采用位移法分别求解图中三个结构杆的轴力。

图 6.21 所示的结构，首先，使用 Δ_x 和 Δ_y 表示各杆件的应变。各杆件由 Δ_x 产生的应变为

$$\begin{cases} \varepsilon_{2-3} = \dfrac{\Delta_x}{L} \\[3mm] \varepsilon_{1-2} = \dfrac{\Delta_x \cos \dfrac{\pi}{4}}{L / \cos \dfrac{\pi}{4}} = \dfrac{\Delta_x}{2L} \end{cases}$$

各杆由于 Δ_y 产生的应变为

$$\varepsilon_{2-3} = 0, \varepsilon_{1-2} = \frac{\Delta_y}{2L}$$

于是得到各杆的应变：

$$\begin{cases} \varepsilon_{2-3} = \dfrac{\Delta_x}{L} \\[3mm] \varepsilon_{1-2} = \dfrac{\Delta_x + \Delta_y}{2L} \end{cases}$$

将上式代入物理方程，有

$$\begin{cases} \sigma_{2-3} = E\varepsilon_{2-3} = E\dfrac{\Delta_x}{L} \\[3mm] \sigma_{1-2} = E\varepsilon_{1-2} = E\dfrac{\Delta_x + \Delta_y}{2L} \end{cases}$$

根据平衡条件建立正则方程，由结点 1 在 x 和 y 方向的平衡条件，可以写出：

$$\begin{cases} N_{2-3} + N_{1-2}\cos\dfrac{\pi}{4} = P_{2x} \\[3mm] N_{1-2}\cos\dfrac{\pi}{4} = P_{2y} \end{cases}$$

将内力表达式 $N = \sigma A$ 代入上式，可以得到正则方程：

$$\begin{cases} \dfrac{E}{L}(1.35\Delta_x + 0.35\Delta_y) = \dfrac{P_{2x}}{A} \\[3mm] \dfrac{E}{L}(0.35\Delta_x + 1.35\Delta_y) = \dfrac{P_{2y}}{A} \end{cases}$$

求解以上方程，得到位移结果：

$$\begin{cases} \Delta_x = \dfrac{(P_{2x} - P_{2y})L}{EA} \\[3mm] \Delta_y = \dfrac{(3.83P_{2y} - P_{2x})L}{EA} \end{cases}$$

最后可以整理出

$$\begin{cases} N_{2\text{-}3} = P_{2x} - P_{2y} \\ N_{1\text{-}2} = 1.41 P_{2y} \end{cases}$$

从上述位移法求解过程中我们可以发现,位移法的求解过程非常规范:首先,假设位移函数;然后根据几何方程,获得应变表达式;再根据物理方程和静力等效,分别获得应力表达式与内力表达式;根据平衡方程或基于虚位移原理,列出正则方程并求解;最后将正则方程的解代到几何方程、物理方程以及静力等效方程中,求解得到应变、应力和内力。无论结构是简单还是复杂,其计算过程是一样的。

力法则必须先针对具体结构,分析静不定度,选择单位状态和载荷状态,再建立正则方程求解。力法计算的缺点是,计算过程的复杂程度取决于计算者的经验;位移法的缺点是正则方程的阶数比较高(阶数等于结点自由度)。对于工程实际中的复杂结构,正则方程可以几十万阶!目前,"有限元素法"随着计算机算力的快速增强,正在成为飞机结构分析的主流方法。

第 7 章 飞机薄壁结构的梁理论分析

在第 6 章杆件结构分析中,我们介绍了骨架蒙皮结构形式是飞机结构中一种典型的结构形式,其具有较轻的质量特性,在飞机的制造中十分常见,如飞机的机翼和机身。骨架蒙皮结构是典型的薄壁结构,以飞机的薄壁结构机身(也称为薄壁梁式机身)为例,机身由骨架和闭合的薄壁外壳结合而成,其骨架由横向受力构件(普通框和加强框)和纵向受力构件(桁条和桁梁)组成,用以加强外部薄壁壳体,这种结构在占用最小的质量的同时能满足飞机结构的强度和刚度要求,且能使得外壳表面光滑,使机身具有极佳的气动外形,并能够充分利用机身的内部空间。在上一章的结构分析中,我们学习了将这类真实的薄壁结构简化为板杆结构计算模型,能够取得比较理想的分析结果。然而,在求解板杆结构计算模型时存在不少的困难:如果采用力法,则计算模型是高度静不定的,求解十分繁琐;如果采用位移法,节点自由度总数(即刚度方程的阶数)可以高达上万阶,计算量巨大。因此,在飞机薄壁结构设计的初始阶段,或者当仅对结构进行粗略估计时,通常可以采用工程方法,在满足计算精度的情况下,尽量减少计算量。对于细长的薄壁结构,我们常常采用梁理论进行分析。

7.1 梁结构分析理论

对于梁结构的弯曲,通常采用梁理论(Beam Theory),以研究求解梁在外载荷作用下的变形和内力。利用梁理论进行飞机薄壁结构分析之前,我们需要引入三种主要的梁理论,以对梁理论的基本概念和基本方法做了解。目前,梁理论主要有:(1)弹性力学梁理论(精确的弹性力学方程);(2)欧拉—伯努利梁(Euler - Bernoulli Beam)理论(又称为经典梁理论或工程梁理论);(3)铁木辛柯梁(Timoshenko Beam)理论。铁木辛柯梁理论考虑了横向剪切变形的影响,而在欧拉—伯努利梁理论中则忽略了这一点。几种梁理论之间具有一定的关系,根据利用最小势能原理,在欧拉—伯努利梁理论的运动学假设的基础上,并基于载荷等价关系,可以得出这三种梁理论的弯曲解之间的关系。

7.1.1 弹性力学梁理论

根据弹性力学的基本理论,基于连续性假设与弹性变形假设,根据梁的结构、载荷及边界条件的特征,可以直接推导出应力与应变的关系及应变与位移的关系的精确解(推导过程可参照理论力学基础知识)。如图 7.1 所示为两端简支梁,梁的剖面为矩形,其宽度为 1、高度为 h,存在均布载荷 q 的作用。

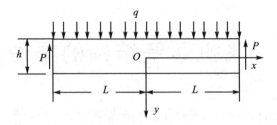

图 7.1　受均布载荷的两端简支梁

假设认为梁两端支反力 P 沿剖面的分布符合式(7.1)中第 3 式的规律,则可计算出弹性力学的精确解:

$$\begin{cases} \sigma_x = \dfrac{6q}{h^3}(L^2 - x^2)\,y + q\left[4\left(\dfrac{y}{h}\right)^3 - \dfrac{3}{5}\left(\dfrac{y}{h}\right)\right] \\[2mm] \sigma_y = -q\left[2\left(\dfrac{y}{h}\right)^3 - \dfrac{3}{2}\left(\dfrac{y}{h}\right) + \dfrac{1}{2}\right] \\[2mm] \tau_{xy} = -\dfrac{q}{h}\left[\dfrac{3}{2} - 6\left(\dfrac{y}{h}\right)^2\right]x \end{cases} \tag{7.1}$$

各应力分量沿 y 方向的分布如图 7.2 所示。

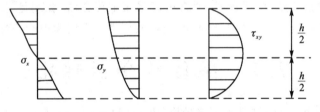

图 7.2　应力分量

利用弹性力学梁理论可以求解梁弯曲的变形和内力的精确结果,这是该理论的优势;但弹性力学梁理论存在一个主要缺点:由于难以精确满足边界力的边界条件,该理论只能对极少数问题进行精确求解,在实际工程问题中很难得到使用。

7.1.2　欧拉–伯努利梁理论

欧拉–伯努利梁理论是解决梁结构弯曲问题分析的经典理论。18 世纪中期,瑞士学者莱昂哈德 • 欧拉(Leonhard Euler)与丹尼尔 • 伯努利(Daniel Bernoulli)开始研究梁结构并把梁理论推向实用,使之在工程领域得到越来越广泛的使用,成为工程力学与经典梁力学的重要理论,通常又被称为工程梁理论。工程梁理论认为,梁在变形前后,其横截面保持与中心轴垂直不变。可以这么理解,对于细长梁结构,翘曲和横向剪切变形的影响和横向正应变非常小,可以忽略不计。因此,无横向剪切意味着横截面的旋转只由挠曲引起。对于长而矮的细长梁来说,这些假设是合理且有效的,而对于厚梁、高复合材料梁等问题,横向剪切的影响比较明显,是不可以忽略的。总结欧拉—伯努利梁理论的基本假设主要有两点:首先,梁的横截面在变形后不致弯曲,仍保持平面;其次,变形前后,梁的横截面始终与梁的中心轴保持垂直不变。

以图 7.1 所示的两端简支梁为例,采用欧拉—伯努利梁理论得到的应力分布如下:

$$
\begin{cases}
\sigma_x = \dfrac{6q}{h^3}(L^2 - x^2)\,y \\[2mm]
\sigma_y = 0 \\[2mm]
\tau_{xy} = -\dfrac{q}{h}\left[\dfrac{3}{2} - 6\left(\dfrac{y}{h}\right)^2\right]x
\end{cases}
\tag{7.2}
$$

由以上的应力分布应当注意到,在梁的上表面($y = -h/2$)有,$\sigma_y = -q = 0$,因此,式(7.2)并不能满足弹性力学的全部方程。与弹性力学的精确解相比,可以发现,由于工程梁理论忽略了横向剪切作用,因此 $\sigma_y = 0$,与弹性力学精确解有明显的差异;两种理论分析获得的关于切应力 τ_{xy} 的解完全一致;对于 σ_x,工程梁理论的解与弹性力学梁理论的解中的第一项结果相同,弹性力学解中的第二项为弹性力学提出的修正项,对于通常的长而矮的梁,修正项所占的比例很小,可忽略不计,对于短而高的梁则需要考虑修正项。

我们以梁的中间截面为例,采用弹性力学梁理论可以求解得到梁上下表面的弯曲应力为

$$
\sigma_x \left.\right|_{\substack{x=0 \\ y=\pm\frac{h}{2}}} = \pm 3q \frac{L^2}{h^2}\left(1 + \frac{h^2}{15L^2}\right)
\tag{7.3}
$$

式中,第一项为主要项,这一项与工程梁理论的求解结果一致,第二项则代表弹性力学修正项。假设梁的半长与高之比 L/h 为 1,则修正项占主要项的 $\dfrac{1}{15}$;若梁的半长与高之比 L/h 为 2,此时修正项只占主要项的 $\dfrac{1}{60}$,可以忽略不计。

我们注意到弹性力学的精确解式(7.1)的第一式,与欧拉—伯努利梁理论相比较可以发现,等式右端的第一项实际上就是欧拉—伯努利梁理论中的 My/I。两种理论在应力 σ_x 上的差别仅仅在于等式右端的第二项,梁的长度越长,高度越小,则第 2 项占第 1 项的比例就愈小,即这两种理论所得出的解的相对误差就愈小。而由于在欧拉-伯努利梁理论中假设梁的内部没有压缩和拉伸,因此 σ_y 始终为零,σ_y 的表达式只在弹性力学的式(7.1)中存在。在弹性力学精确解式(7.1)中的剪应力,实际上与欧拉—伯努利梁理论中的公式 $\tau = QS/J$ 一致,其中 Q 是剖面的剪力,S 是梁剖面的静矩,可见,在图 7.1 所示的受载荷支持条件下,欧拉—伯努利梁理论得出的剪应力是精确的。

事实上,对于工程中遇到的大多数梁结构,一般为细长梁结构,修正项所占比例很小,可以忽略不计。因此,欧拉—伯努利梁理论在实际工程中得到广泛的应用,在

飞机薄壁结构的分析中具有十分重要的作用。本章将重点介绍欧拉—伯努利梁理论的内容。

7.1.3 铁木辛柯梁理论

在工程实际问题中,采用欧拉—伯努利梁理论求解静力学问题时的精确程度足够了,但如果遇到动力学问题的求解,却表现出明显的不合理。如果在欧拉—伯努利梁的静力学方程中简单地添加梁的惯性项,来构成梁的动力学方程,那么冲击的传播速度将会无限大,这就会在解决实际工程问题的过程中引起很大的误差。

为了克服这种不合理情况,1922 年,美籍俄裔科学家斯蒂芬·铁木辛柯(Stephen Timoshenko)提出了一种对伯努利梁的修正理论,其中最重要的改进是考虑了梁内的剪切变形的一阶近似;另一项改进是在惯性项中加进了截面转动的惯性力。由于这一改进,梁的振动问题的方程就变成双曲型方程,相应的冲击传播速度也就是有界的了。目前铁木辛柯梁被广泛地应用于求解动力传播问题和控制问题中。该理论模型考虑了横向剪切和转动惯性,使其适于描述短梁、层合梁当受波长接近厚度的高频激励时梁的表现。铁木辛柯梁理论的基本假设为:①材料为各向同性;②材料的形变是线弹性形变;③材料的变形为小变形。在此基础上,可以推导铁木辛柯梁的变形和应力的解。

根据梁结构的截面转角定义为中性轴转角 φ,即 $\varphi = \dfrac{\partial u_x}{\partial y}\bigg|_{y=0}$,假定轴向位移如下变化:

$$u_x = y\varphi, \varepsilon_x = \frac{\partial u_x}{\partial x} = y\frac{\partial \varphi}{\partial x}, \quad \gamma_{xy} = \frac{1}{2}\left(\frac{\partial u_x}{\partial y} + \frac{\partial u_y}{\partial x}\right) \tag{7.4}$$

铁木辛柯梁理论为了简化运动方程的导数,考虑到梁变形的真实情况,认为剪切应变在一个给定的横截面上为保持不变的常数,并且引入了剪切修正系数 κ,来表示剪切应变,即

$$\gamma_{xy} = \frac{1}{2}\kappa\left(\varphi + \frac{\partial w}{\partial x}\right) \tag{7.5}$$

式中,剪切修正系数 κ 为小于 1 的正实数($0 < k < 1$),剪切修正系数的取值与横截面的形状有关,若截面形状为矩形,一般剪切修正系数取值 $\kappa = 5/6$。

对于线弹性梁,弯矩 M 和剪力 Q 可分别写成

$$M = -EI\frac{\partial \varphi}{\partial x}, \quad Q = \kappa AG\left(-\varphi + \frac{\partial w}{\partial x}\right) \tag{7.6}$$

式中,EI 为转动刚度,G 为剪切模量,A 表示截面面积。

因此,梁的控制方程可表示为

$$\begin{cases} \dfrac{\partial}{\partial x}\left(EI\,\dfrac{\partial \varphi}{\partial x}\right)+\kappa AG\left(\dfrac{\partial w}{\partial x}-\varphi\right)=0 \\ \dfrac{\partial}{\partial x}\left[\kappa AG\left(\dfrac{\partial w}{\partial x}-\varphi\right)+q\right]=0 \end{cases} \tag{7.7}$$

联合以上两式可得

$$\begin{cases} \dfrac{\partial^{2}}{\partial x^{2}}\left(EI\,\dfrac{\partial \varphi}{\partial x}\right)=q \\ \dfrac{\partial w}{\partial x}=\varphi-\dfrac{1}{\kappa AG}\,\dfrac{\partial}{\partial x}\left(EI\,\dfrac{\partial \varphi}{\partial x}\right) \end{cases} \tag{7.8}$$

上式的第二式表示转角的变化,其中第一项转角 φ 由弯矩产生,第二项则是由剪切变形所引起的转角。

如图 7.3 所示,表明了欧拉—伯努利梁理论与铁木辛柯梁理论两种理论中界面转角之间的关系。从图中可以看出,铁木辛柯梁中截面转角 $\theta_{x}=\varphi\neq\dfrac{\partial w}{\partial x}$,只有当截面剪切刚度 κAG 趋近于无穷大时,转角 $\varphi=\dfrac{\partial w}{\partial x}$,与欧拉—伯努利梁所得结果保持一致,此时铁木辛柯梁退化为欧拉—伯努利梁。结合式(7.8),可以发现,相比于欧拉—伯努利梁,铁木辛柯梁的转角变化增加了因为剪切变形而引起的转角。事实上,铁木辛柯梁就是在欧拉—伯努利梁的基础上考虑了剪切变形,将横向剪切变形考虑进欧拉—伯努利梁理论即成为了铁木辛柯梁理论,也即是,在存在横向剪切的情况下,横截面的旋转是由挠曲和横向(平面外)剪变形两种作用共同引起的。如图 7.3(b)所示,对于欧拉—伯努利梁,梁的截面在变形前后始终保持平面且与中心轴垂直,而铁木辛柯梁截面虽然变形前后依旧保持平面,但变形后不再与中心轴保持垂直。具体来说,铁木辛柯梁的位移和截面转角是独立插值的,而不是由位移的导数来求得,具体的插值函数的形式,有限元方面的书籍有详细介绍。

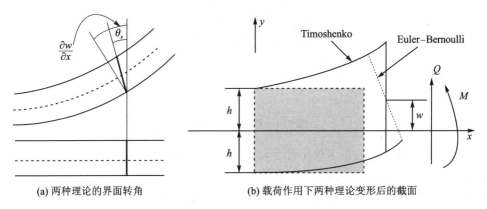

(a) 两种理论的界面转角　　　　　(b) 载荷作用下两种理论变形后的截面

图 7.3　欧拉-伯努利梁理论与铁木辛柯梁理论界面转角

简单地说,由于欧拉-伯努利梁理论忽略了横向剪切作用,这与材料力学中所描述的梁是同样的概念,而铁木辛柯梁理论则是考虑了剪切作用的梁。欧拉-伯努利梁理论基于平截面假定,弯曲是主要变形,忽略剪切变形的影响,其计算公式通过平衡微分方程得到,而非变形协调方程。铁木辛柯梁理论则将剪切变形考虑进来,而且位移和转角是独立插值而非通过位移导数求得。当梁结构的高度(或者直径)较大时,高跨比增加,此时欧拉-伯努利梁理论忽略横向剪切变形的假设不再适于表现真实的梁弯曲问题,必须将剪切变形和转动惯量考虑进去,此时需要采用铁木辛柯梁理论进行分析。

7.2   欧拉-伯努利梁理论基础

薄壁结构在飞机制造中被广泛采用,在飞机薄壁结构设计的初始阶段,或者仅对结构进行粗略估计时,若所设计薄壁结构的横向(剖面)尺寸远小于纵向尺寸,且不存在结构不连续和结构刚度急剧变化的情况,通常可以将薄壁结构作为细长梁结构并采用欧拉-伯努利梁理论进行分析计算,在满足计算精度的情况下可以减小计算量。

薄壁结构在外载荷作用下,在横剖面上将产生正应力和剪应力,也可用其合力来表示横剖面上的内力,即轴力、剪力、弯矩和扭矩,薄壁结构在外载荷作用下的内力情况如图 7.4 所示。

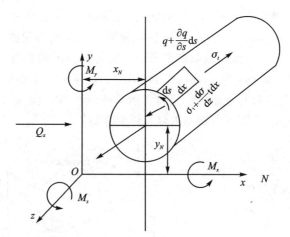

图 7.4   载荷与内力分布

建立图 7.4 所示的笛卡尔坐标系,并给出剖面应力的等效内力(轴力、剪力、弯矩、扭矩)的正方向表示,可以看出,在规定的坐标系和力系的情况下,x 和 z 方向的弯矩 M_x、M_z 满足右手准则,而 y 方向的弯矩 M_y 却不满足右手准则。对于正应力,M_x 符合右手定则、M_y 符合左手定则、N 与 z 方向一致为正,则正应力 σ 与 z 方向一致为正。对于剪流,Q_x、Q_y 与 Ox、Oy 轴一致为正,M_z 符合右手定则为正;q 的方向

由曲线 s 的方向确定,若取剖面壁板线 s 绕剖面内任一参考点顺时针旋转为正方向,则 q 绕同一点逆时针为正,即剪流为正时,其方向与 s 的方向相反。这里需要强调的是,s 的方向并不是绝对的,可以任取,其作用就是用于确定剪流的方向。

根据以上定分析,则有如下定义:

$$Q_x = \frac{\mathrm{d}M_y}{\mathrm{d}z}, \quad Q_y = \frac{\mathrm{d}M_x}{\mathrm{d}z} \tag{7.9}$$

在分析薄壁结构时,根据欧拉-伯努利梁理论的基本假设和薄壁结构的特点,满足几个基本假设:①直法线假设;②平面应变假设;③剖面上的正应力和剪应力沿壁厚方向均匀分布;④剖面上的剪应力的方向与薄壁中线的方向一致。⑤不考虑 Poisson 效应。这些基本假设是工程梁理论分析的基础,具体内涵如下。

直法线假设认为,结构承受载荷并发生变形后,其横截面形状在垂直于纵轴的平面上的投影保持不变,但横剖面各点沿纵向可自由发生位移;平面应变假设认为,结构变形时,截面上各点的纵向线应变符合平面分布规律(该假设不如平剖面假设严格,平剖面假设要求结构变形前后其截面保持为平面);对于正应力和剪应力沿壁厚方向均匀分布,考虑到薄壁结构的壁面厚度远小于剖面的当量尺寸,因此,应力沿壁厚方向的变化可以不予以考虑,而认为剖面上的正应力和剪应力沿壁厚方向均匀分布;考虑到剪应力沿壁厚方向均匀分布,若剪应力方向与薄壁中线的方向不一致,则在壁面法向方向上应当存在一个剪应力分量。根据剪应力互等定理,在壁面的上下表面处,这个剪应力应该与壁面上的剪应力相等。工程梁理论的基本假设中,由于壁面上剪应力为零,因此这个剪应力也为零。因此,剪应力的方向须与薄壁中线的方向保持一致;在薄壁结构的工程梁分析中,忽略横向变形效应(Poisson 效应)。

分析飞机的基本结构可以发现,飞机大致上是由单个闭口截面机身和多单元机翼及尾翼组成的加强壳体结构(骨架蒙皮结构),这些结构承受弯曲载荷、剪切载荷、扭转载荷及轴向载荷。在实际应用中,这些闭合薄壁结构常常需要提供如门、驾驶舱和窗户等开口,这些开口或“切口”使原先的连续壳体结构产生了不连续性,从而使切口附近的载荷重新分配。在薄壁结构内力分析时,由于其剪应力的求解与剖面的形状直接相关,因此,根据实际情况,薄壁结构的剖面形式可分为开口截面(图 7.5(a))

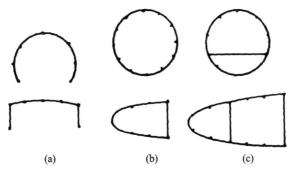

(a)　　　　　(b)　　　　　(c)

图 7.5　薄壁结构的剖面形式

和闭口截面,闭口截面又可进一步分为单闭室(图 7.5(b))和多闭室(图 7.5(c))。剖面上主要有两种单元:蒙皮(和腹板)和加强件(梁的凸缘、桁条、长横等),由于加强件的横截面积远远小于剖面面积,因此,分析时可以忽略其形状而采用集中面积进行替代。

7.3 梁的正应力分析

7.3.1 折算系数法

薄壁结构由于各部分的工作条件不一致,承受的载荷也不一致,在制造中不同部位常常采用不同材料,因而使得实际情况中薄壁结构往往由不同材料组合而成,这些材料一般是铝合金、钛合金和复合材料等。对于工程梁理论,我们假设材料是各向同性的,因此对于由不同材料组成的薄壁结构,为了使工程梁理论适用于这样的结构计算,采取折算的办法,选取某一种材料,将不同的材料向该种材料(或弹性模量)进行折算,由此来满足各向同性材料的基本假设。

具体而言,在进行折算时,选取一种材料来代替剖面上的各种不同材料(从剖面材料中选取一种,或选取一种假想的理想材料)。为了达到等价的要求,这种折算需要满足以下两个条件,即虚拟元件与真实元件的内力和应变均相等。

如图 7.4 所示,假设在壳体剖面上坐标为 (x,y) 的某一点 i 处,存在面积为 A_i、弹性模量为 E_i 的结构元件,或面积为 $\mathrm{d}A_i = t_i \mathrm{d}s$、弹性模量为 E_i 的蒙皮微段(其中,t_i 为蒙皮在该点处的厚度)。采用折算方法,用面积为 A_{ir} 或 $\mathrm{d}A_{ir} = t_{ir}\mathrm{d}s$、弹性模量为 E_r 的虚拟元件来替代真实元件(下标 r 即 reduced,表示折算)。利用上述办法,对整个剖面上的所有元件都进行替换,使得剖面的所有元件都变换成具有相同弹性模量 E_r 的虚拟元件。

按照虚拟元件与真实元件的应变相等的条件,可以得出

$$\frac{\sigma_i}{E_i} = \frac{\sigma_{ir}}{E_r} \tag{7.10}$$

按照虚拟元件与真实元件的内力相等的条件,可以得出

$$\begin{cases} \sigma_i A_i = \sigma_{ir} A_{ir} \\ \sigma_i t_i \mathrm{d}s = \sigma_{ir} t_{ir} \mathrm{d}s \end{cases} \tag{7.11}$$

式中,σ_i 和 σ_{ir} 分别是真实元件和虚拟元件中的应力。

定义折算系数 $\varnothing_i$ 为

$$\varnothing_i = \frac{E_i}{E_r} \tag{7.12}$$

即折算系数大小为真实材料弹性模量与虚拟材料弹性模量之比,则可以将不同材料(弹性模量)的实际元件的剖面面积折算成同一弹性模量的虚拟元件的剖面面积。

将式(7.10)变形后可以得出

$$\sigma_i = \frac{E_i}{E_r}\sigma_{ir} = \varnothing_i\sigma_{ir} \tag{7.13}$$

将式(7.13)代入式(7.11),则有

$$\begin{cases} A_{ir} = \varnothing_i A_i \\ t_{ir} = \varnothing_i t_i \end{cases} \tag{7.14}$$

根据上式,只需把薄壁结构中不同材料实际元件的剖面面积和蒙皮厚度进行折算,就可以将其变换成同一种材料的虚拟元件。折算的方法就是将实际剖面面积和板厚简单地乘以折算系数。经过折算的虚拟剖面都属于同一种材料(弹性模量均为 E),那么 i 点处的正应力就可以根据工程梁理论进行计算。应力求出后,根据式(7.13)可求出真实的应力。

7.3.2　正应力计算

根据平面应变假设,剖面上 i 点处的正应变 ε_i 可表示为

$$\varepsilon_i = ax_i + by_i + c \tag{7.15}$$

采取折算系数法,将剖面上不同材料全部折算成同一种材料,然后可计算得到该种材料剖面的正应力:

$$\sigma_{ir} = E_r\varepsilon_i = E_i(ax_i + by_i + c) \tag{7.16}$$

根据定义,进一步可求得真实正应力:

$$\sigma_i = \phi_i(\alpha x_i + \beta y_i + \gamma) \tag{7.17}$$

式中, $\alpha = E_r a$, $\beta = E_r b$, $\gamma = E_r c$。由上式可知,只要确定了式中的系数 α、β 和 γ,正应力 σ_i 就能得到。

在直角坐标系中,如图 7.3 所示,z 轴上某一剖面上的正应力应当与该剖面上的弯矩 M_x、M_y 和轴力 N 相等价,由此可得到以下三个条件:

$$\begin{cases} \oint\sigma y(\phi t\,\mathrm{d}s) + \Sigma_j\sigma_j(\phi_j A_j)y_i = M_z + Ny_N \\ \oint\sigma x(\phi t\,\mathrm{d}s) + \Sigma_j\sigma_j(\phi_j A_j)x_i = M_y + Nx_N \\ \oint\sigma(\phi t\,\mathrm{d}s) + \Sigma_j\sigma_j(\phi_j A_j) = N \end{cases} \tag{7.18}$$

式中,t 为蒙皮厚度;A_j 为第 j 个纵向元件(骨架)的横截面面积,y_N、x_N 为轴力 N 对坐标原点 O 的偏离(这里考虑了合力 N 不作用在点 O 的一般情况)。将式(7.17)代入式(7.18),则有

$$\begin{cases} \alpha I_{xy} + \beta I_x + \gamma S_x = M_x + Ny_N \\ \alpha I_y + \beta I_{xy} + \gamma S_y = M_y + Nx_N \\ \alpha S_y + \beta S_x + \gamma A = N \end{cases} \tag{7.19}$$

式中,I_{xy}、I_x 和 I_y 分别是折算剖面对任意坐标系中原点、x 和 y 坐标轴的惯性矩;

S_x 和 S_y 分别是折算剖面对任意坐标系中 x 和 y 坐标轴的静矩;A 是折算剖面的面积。

$$\begin{cases} I_{xy} = \oint \phi xyt\,\mathrm{d}s + \Sigma_j \phi_j A_j x_j y_j \\ I_x = \oint \phi y^2 t\,\mathrm{d}s + \Sigma_j \phi_j A_j x_j y_j \\ I_y = \oint \phi x^2 t\,\mathrm{d}s + \Sigma_j \phi_j A_j x_j y_j \end{cases} \tag{7.20}$$

$$\begin{cases} S_x = \oint \phi yt\,\mathrm{d}s + \Sigma_j \phi_j A_j y_j \\ S_y = \oint \phi xt\,\mathrm{d}s + \Sigma_j \phi_j A_j x_j \\ A = \oint \phi t\,\mathrm{d}s + \Sigma_j \phi_j A_j \end{cases} \tag{7.21}$$

将式(7.20)和式(7.21)代入求解式(7.19)并联立求解方程组,可求出未知量 α、β 和 γ,进而由(7.17)求出真实正应力。

　　在飞机薄壁结构中,实际上存在两种形式的薄壁结构,一种是硬壳式(如图 7.6 所示),另一种是在第 6 章中讨论的加强薄壁(骨架蒙皮)结构。由式(7.20)和式(7.21)的推导可以发现,剖面的面积仅包括能够承受正应力的单元的折算面积。由于硬壳式薄壁结构的剖面仅存在蒙皮一种单元,因而正应力和剪应力都将由蒙皮承受。

　　对于加强薄壁结构(如图 7.7 所示),其剖面由蒙皮和纵向元件两种单元构成,通过之前板杆结构的受力分析,我们可以认为蒙皮仅承受剪应力,而纵向元件仅承受正应力,将蒙皮承受正应力的能力折算到纵向元件的面积上。

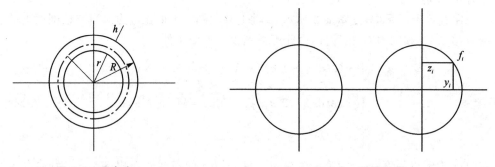

图 7.6　硬壳式　　　　　　　　　　　　图 7.7　加筋壳式

下面讨论两种特殊情况下不同坐标系下正应力的求解方法。

1. 折算剖面形心坐标系

根据式(7.19)的第 3 式有

$$\gamma = \frac{N}{A} - \alpha x_0 - \beta y_0 \tag{7.22}$$

式中，x_0, y_0 是折算剖面的形心坐标，$x_0 = S_y/A$，$y_0 = S_x/A$。通过点 (x_0, y_0)，建立与原坐标系 x 轴、y 轴和 z 轴均平行的形心坐标系。

将式 (7.22) 分别代入式 (7.19) 的第 1 式和第 2 式，可得

$$\begin{cases} \alpha I_{oxy} + \beta I_{ox} = M_{ox} \\ \alpha I_{oy} + \beta I_{oxy} = M_{oy} \end{cases} \tag{7.23}$$

式中，

$$\begin{cases} I_{ox} = I_x + y_0^2 A \\ I_{oy} = I_y + x_0^2 A \\ I_{oxy} = I_{xy} + x_0 y_0 A \end{cases} \tag{7.24}$$

式中，I_{ox}、I_{oy}、I_{oxy} 分别是折算剖面对形心坐标轴的惯性矩和极惯性矩。

同时，还可以得到

$$\begin{cases} M_{ox} = M_x + N(y_N - y_0) \\ M_{oy} = M_y + N(y_N - x_0) \end{cases} \tag{7.25}$$

式中，M_{ox}、M_{oy} 为折算剖面上的弯矩和轴力经过平移后对形心坐标轴的弯矩。

求解式 (7.23) 后，可得待定系数 α、β：

$$\begin{cases} \alpha = \dfrac{1}{1 - \dfrac{I_{oxy}^2}{I_{ox} I_{oy}}} \left[\dfrac{M_{oy}}{I_{oy}} - \dfrac{M_{ox} I_{oxy}}{I_{ox} I_{oy}} \right] \\ \beta = \dfrac{1}{1 - \dfrac{I_{oxy}^2}{I_{ox} I_{oy}}} \left[\dfrac{M_{ox}}{I_{ox}} - \dfrac{M_{oy} I_{oxy}}{I_{oy} I_{ox}} \right] \end{cases} \tag{7.26}$$

将所求得的三个待定系数 α、β、γ 的表达式代入式 (7.17) 中，最后可得到正应力为

$$\sigma_i = \phi_i \left[k \left(\frac{M_{ox}}{I_{ox}} \tilde{y}_i + \frac{M_{oy}}{I_{oy}} \tilde{x}_i \right) + \frac{N}{A} \right] \tag{7.27}$$

式中，将 k 称为剖面的不对称系数，$\tilde{x}_i$ 和 $\tilde{y}_i$ 为剖面上 i 点的广义坐标，其表达式如下：

$$k = 1 - \frac{I_{oxy}^2}{I_{ox} I_{oy}} \tag{7.28}$$

$$\begin{cases} \tilde{x}_i = x_i - x_0 - (y_i - y_0) \dfrac{I_{oxy}}{I_{ox}} \\ \tilde{y}_i = y_i - y_0 - (x_i - x_0) \dfrac{I_{oxy}}{I_{oy}} \end{cases} \tag{7.29}$$

如果剖面形状具有对称性，则 k 的值为 1。若剖面有一个对称轴，则对称轴必定通过折算剖面的形心，此时正应力的计算可较大简化。假设 y 轴是通过折算剖面形心的对称轴，则有

$$x_0 = 0, \quad y_0 \neq 0, \quad \tilde{x}_i = x_i, \quad \tilde{y}_i = y_i - y_0$$

$$I_{oxy} = I_{xy} = 0, \quad k = 1, \quad I_{ox} = I_x - y_0^2 A, \quad I_{oy} = I_y$$

$$M_{ox} = M_x + N(y_N - y_0)$$

若剖面有两个对称轴,则必然是折算剖面的形心轴,同时是惯性主轴。则有

$$x_0 = y_0 = 0, \quad \tilde{x}_i = x_i, \quad \tilde{y}_i = y_i$$

$$I_{oxy} = I_{xy} = 0, \quad k = 1, \quad I_{ox} = I_x, \quad I_{oy} = I_y$$

$$M_{ox} = M_x + N y_N, \quad M_{oy} = M_y + N x_N$$

将以上结果代入式(7.27)即可求得剖面的正应力。

2. 折算剖面惯性主轴坐标系

如果是惯性主轴坐标系,则有

$$x_0 = y_0 = 0, \quad \tilde{x}_i = x_i, \quad \tilde{y}_i = y_i$$

$$I_{oxy} = I_{xy} = 0, \quad k = 1, \quad I_{ox} = I_x, \quad I_{oy} = I_y$$

$$M_{ox} = M_x + N y_N, \quad M_{oy} = M_y + N x_N$$

此时正应力计算公式(7.27)退化为

$$\sigma_i = \phi_i \left[k \left(\frac{M_{ox}}{I_{ox}} y_i + \frac{M_{oy}}{I_{oy}} x_i \right) + \frac{N}{A} \right] \tag{7.30}$$

例题 7 - 1 图 7.8 为机翼前缘部分的一个剖面,由蒙皮和腹板组成,材料均为铝合金。其中,蒙皮厚度为 t,可以承受正应力;腹板不承受正应力,只能承受剪力。剖面上仅作用一个弯矩 $M_x = -M$。求剖面上的正应力分布。

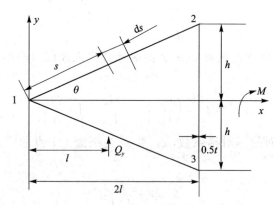

图 7.8 机翼前缘剖面

解:

首先,进行材料的折算。由于蒙皮和腹板是用同一种材料,材料的折算系数均为 $\phi = 1$。然后,计算剖面特性。由于 x 轴是对称轴,因此也是形心轴,有

$$y_0 = 0, \quad x_0 \neq 0, \quad \tilde{y}_i = y_i, \quad \tilde{x}_i = x_i - x_0$$

$$I_{oxy} = I_{xy} = 0, \quad k = 1, \quad I_{ox} = I_x, \quad I_{oy} = I_y - x_0^2 A$$

$$M_{ox} = M_x + N y_N, \quad M_{oy} = M_y + N(x_N - x_0)$$

最后,计算正应力。由于以上情况,正应力公式(7.27)可以简单写成

$$\sigma_i = \frac{M_x}{I_x} y_i$$

式中,$I_x = \int y^2 t \, ds$。

考虑到剖面中仅蒙皮承受正应力,故积分只涉及蒙皮段 1-2 和 1-3。

由于

$$ds = \frac{dx}{\cos\theta}$$

$$y = x \tan\theta = \frac{h}{2l} x$$

可得

$$I_x = 2\int_0^{2l} \left(\frac{h}{2l}x\right)^2 \frac{t}{\cos\theta} dx = \frac{4th^2 b}{3\cos\theta}$$

于是有

$$\sigma_i = \frac{3M}{4th^2 l} (\cos\theta) y_i$$

可以看出,当 $y = \pm h$ 时,剖面的正应力的值最大,为 $\sigma_i = \pm \dfrac{3M}{4thl}\cos\theta$。

例题 7-2　图 7.9 是机身的一个剖面,为一个薄壁结构的 3 闭室剖面,剖面上仅作用一个弯矩 $M_x = -M$。剖面的壁板 3-11 和 5-9 可以承受并传递正应力,蒙皮只能承受剪力。桁梁 3、5、9、11 的材料是合金钢(其余为长桁梁),其余结构的材料为铝合金,钢的弹性模量 E_g 和铝合金的弹性模量 E_1 之比为 2.5。剖面周缘的半径为 R,蒙皮的厚度为 t,壁板的厚度为 $2t$,$\theta = \pi/6$。桁梁的剖面面积 A_h、长桁的剖面

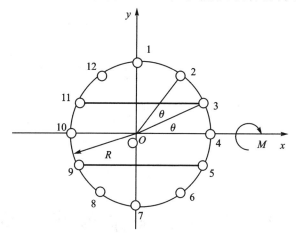

图 7.9　机身剖面

面积 A_c 之间的关系为 $A_h=2.5A_c=R_t$，试求剖面的正应力。

解：

首先，进行材料的折算。将整个剖面的材料向铝合金折算，得到桁梁的折算系数 $\phi_3=\phi_5=\phi_9=\phi_{11}=2.5$，其余承受正应力部分 $\phi=1$。

然后，计算剖面特性。由于剖面具有 2 个对称轴，因此，oxy 是惯性主轴坐标系。

$$x_0=y_0=0,\quad \tilde{x}_l=x_i,\quad \tilde{y}_l=y_i$$
$$I_{oxy}=I_{xy}=0,\quad k=1,\quad I_{ox}=I_x,\quad I_{oy}=I_y$$
$$M_{ox}=M_x,\quad M_{oy}=M_y$$

最后，计算正应力。根据剖面载荷情况，式(7.27)可以写成

$$\sigma_i=\phi_i\frac{M_x}{I_x}y_i$$

上下壁板 3-11 和 5-9 的惯性矩为

$$I_{xb}=\left[\sqrt{3}R\times2t\times(0.5R)^2\right]\times2=\sqrt{3}R^3t$$

桁梁的惯性矩为

$$I_{xh}=4\times3\times(2A_h)\times\left(\frac{R}{2}\right)^2=6A_hR^2=6R^3t$$

长桁的惯性矩为

$$I_{xc}=2A_cR^2+4A_c\left(\frac{\sqrt{3}}{2}R\right)^2=5A_cR^2=2R^3t$$

因此，整个剖面的惯性矩 I_x 为

$$I_x=I_{xb}+I_{xh}+I_{xc}=9.73R^3t$$

长桁与桁梁的正应力为

$$\sigma_1=-\sigma_7=\frac{M}{9.73R^3t}R=0.103\frac{M}{R^2t}$$

$$\sigma_2=\sigma_{12}=-\sigma_8=-\sigma_6=\frac{M}{9.73R^3t}\left(\frac{\sqrt{3}}{2}R\right)=0.089\frac{M}{R^2t}$$

$$\sigma_3=\sigma_{11}=-\sigma_5=-\sigma_9=\frac{2.5M}{9.73R^3t}\left(\frac{1}{2}R\right)=0.128\frac{M}{R^2t}$$

壁板 3-11 和 5-9 中的正应力为

$$\sigma_{3-11}=-\sigma_{5-9}=\frac{M}{9.73R^3t}\left(\frac{1}{2}R\right)=0.051\frac{M}{R^2t}$$

7.4　开口截面梁的剪应力

对于薄壁结构而言，其剖面正应力的分布与承受载荷的单元及其材料特性有关，

而剖面上剪应力的分布,则不仅与承受载荷的单元及其材料特性有关,还与剖面的形式有关。7.2 节中,我们将剖面形式分为开口截面和闭口截面,对于薄壁结构,我们采用剪流来表征剪应力。本节将先行介绍开口截面剪应力的计算方法。

7.4.1　剪流分析

如图 7.10(a)所示开口截面薄壁结构,厚度为 t,其受到 Q_x、Q_y 作用并平衡。为求其剪流,从中任取一个微元 $\mathrm{d}s\,\mathrm{d}z$(如图 7.10(b)所示),微元面受到正应力 σ 和剪流 q 作用,处于平衡状态。

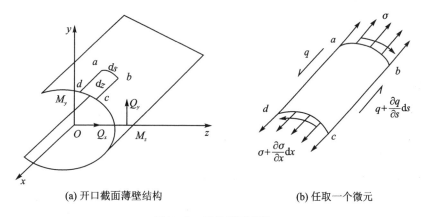

(a) 开口截面薄壁结构　　　　　(b) 任取一个微元

图 7.10　开口截面剪流

微元在 z 轴方向的平衡方程为

$$\left(\sigma + \frac{\partial \sigma}{\partial z}\mathrm{d}z\right)t\,\mathrm{d}s - \sigma t\,\mathrm{d}s - \left(q + \frac{\partial q}{\partial s}\mathrm{d}s\right)\mathrm{d}z + q\,\mathrm{d}z = 0 \tag{7.31}$$

由上式化简计算可得

$$\frac{\partial q}{\partial s} = t\,\frac{\partial \sigma}{\partial z} \tag{7.32}$$

上式两边同时沿曲线 s 进行积分,得

$$q = \int_0^s t\,\frac{\partial \sigma}{\partial z}\mathrm{d}s + q_0 \tag{7.33}$$

式中,q_0 为积分常数,它是 $s=0$ 处的剪流值,其值与曲线 s 坐标原点的选取有关。

若忽略轴力 N 的影响,在形心坐标系的情况下,将式(7.27)中的正应力 σ_i 代入式(7.33),可以得到计算剪流的公式为

$$q = k\left[\frac{\mathrm{d}M_{ox}}{\mathrm{d}z}\frac{\widetilde{S}_x}{I_{ox}} + \frac{\mathrm{d}M_{oy}}{\mathrm{d}z}\frac{\widetilde{S}_y}{I_{oy}}\right] + q_0 \tag{7.34}$$

式中,$\widetilde{S}_x(s) = \int_0^s \phi \widetilde{y}t\,\mathrm{d}s + \sum_{j=1}^m \phi_j\,\widetilde{y}_j A_j$,$\widetilde{S}_y(s) = \int_0^s \phi \widetilde{x}t\,\mathrm{d}s + \sum_{j=1}^m \phi_j\,\widetilde{x}_j A_j$。

式中,$\widetilde{S}_x(s)$ 和 $\widetilde{S}_y(s)$ 分别为 x 轴和 y 轴的广义静矩,是从 $s=0$ 沿着曲线一直到所

求剪流点处剖面的静矩,是线坐标 s 的函数;t 为剖面材料的厚度,可以是定值,也可以随线坐标 s 变化;ϕ 是折算系数;A 是纵向元件的剖面面积;广义坐标 $\tilde{x}_i$ 和 $\tilde{y}_i$ 参见式(7.29);m 为曲线 s 上纵向元件(如长桁)的数量。

考虑到

$$Q_x = \frac{\mathrm{d}M_{oy}}{\mathrm{d}z}, Q_y = \frac{\mathrm{d}M_{ox}}{\mathrm{d}z},$$

则式(7.34)可以改写为

$$q = k\left[\frac{Q_y}{I_{ox}}\tilde{S}_x + \frac{Q_x}{I_{oy}}\tilde{S}_y\right] + q_0 \tag{7.35}$$

若计算得到的剪流大于零,则表示剪流的方向与线坐标 s 的正方向相反;若小于零,则表示剪流的方向与线坐标 s 的正方向一致。根据上述推导,求得剪流后即可求得相应的剪应力 τ。

以如图 7.11(a)所示的开口硬壳式薄壁结构为例,全部由同一材料构成,其剖面周线是半径为 R 的半圆弧,蒙皮沿周线方向厚度均匀,其值为 t,由于不存在纵向加强元件,蒙皮将承受正应力。

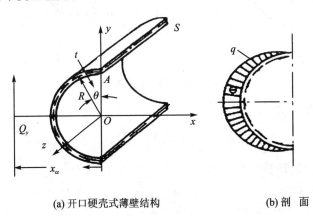

(a) 开口硬壳式薄壁结构　　　　　　　　(b) 剖　面

图 7.11　开剖面的弯曲剪流

首先,选取线坐标原点 $s=0$。由于该剖面为开口截面,考虑将自由边上点 A 作为 s 的原点,故而点 A 上的 $q_0=0$。根据推导出的剪流的计算式(7.35),考虑到仅有剪力 Q_y 作用,则式(7.35)可简化为

$$q = k\frac{Q_y}{I_{ox}}\tilde{S}_x$$

由于剖面仅有一种材料,且剖面有对称轴为 x 轴,即 Ox 轴为剖面的形心轴,根据形心坐标系下的正应力计算的公式,有

$$\emptyset = 1, \quad k = 1, \quad y_0 = 0, \quad \tilde{y} = y$$

$$y = R\cos\theta, \quad s = R\theta, \quad \mathrm{d}s = R\mathrm{d}\theta$$

$$I_{ox} = \int_0^x R^2 \cos^2 \theta R t \, \mathrm{d}\theta = 0.5\pi R^3 t$$

$$\widetilde{S}_x(\theta) = R^2 t \int_0^\theta \cos\theta \, \mathrm{d}\theta = R^2 t \sin\theta$$

将上式代入剪流计算公式中可得

$$q = \frac{2Q_y}{\pi R} \sin\theta$$

由于半圆的角度范围是 $0 < \theta < \pi$，可以发现计算得到剪流 q 的值大于零，即剪流的方向与线坐标 s 的正方向相反，由此可以得出 q 的分布如图 7.11(b)所示。对于剪流的合力，由于剪流 q 沿剖面周线蒙皮的中线分布，可以计算出它在 x 轴和 y 轴方向的合力分别为

$$\begin{cases} R \displaystyle\int_0^\pi q \cos\theta \, \mathrm{d}\theta = 0 \\ R \displaystyle\int_0^\pi q \sin\theta \, \mathrm{d}\theta = Q_y \end{cases}$$

我们可以看到，分布剪流的合力与剖面剪力等价。

以上我们已经了解了计算开口截面梁剪流的方法和步骤，但在实际求解的过程中，有几个方面需要注意：第一，线坐标的原点可任意选取，对于开口截面梁，一般可在自由边上选取。第二，剪流 q_0 需要根据力的边界条件、力的平衡条件或变形协调条件来确定。对于开口截面梁，由于自由边不存在剪应力，根据剪应力互等定理，自由边处剪应力等于零，可以根据这个力的边界条件来确定。若 s 的原点选择在自由边处，则 q_0 等于零，否则 q_0 不等于零，其值将随 s 的原点位置的改变而改变。如果为闭口截面梁，则 q_0 的求法还与闭室的数目有关，单闭室时可以按静力平衡条件来确定，而多闭室时还必须借助变形协调条件才能求得。第三，广义静矩是线坐标 s 的函数，对于有纵向元件的薄壁结构，剪流沿周线呈阶梯状分布。第四，若剖面中蒙皮不承受正应力，广义静矩变为

$$\begin{cases} \widetilde{S}_x(s) = \displaystyle\sum_{j=1}^m \phi_j \widetilde{y}_j A_j \\ \widetilde{S}_y(s) = \displaystyle\sum_{j=1}^m \phi_j \widetilde{x}_j A_j \end{cases}$$

此时，两个纵向元件之间的蒙皮（腹板等）上的剪流为常值。

7.4.2　弯心计算

由上文推导求解开口截面的硬壳式薄壁结构在剪力作用下的剪流分布时，我们从求出的剪流分布情况可以看出，剪流的大小与分布只取决于剪力 Q_y 和静矩 S_x 的值，而与 Q_y 的作用位置无关。在利用工程梁理论分析薄壁结构时，我们是基于以下几个假设进行的：①直法线假设；②平面应变假设；③剖面上的正应力和剪应力沿壁

厚均匀分布;④剖面上的剪应力的方向与薄壁中线的方向一致;⑤忽略 Poisson 效应。在这些基本假设的条件下,剪流的计算结果表明,剪流的分布规律不能改变;同时,尽管剪力与剪流的静力总是满足等价条件已经证明,但力矩的静力等价条件却尚未得到验证。仍以图 7.9 中的开口截面为例,研究剖面上剪力和剪流对 z 轴的力矩等价条件。

剪力对 z 轴的力矩为

$$M_z = Q_y x_{cr}$$

式中,x_{cr} 为剪力 Q_y 作用线与 x 轴交点处的 x 坐标值。

剪流 q 对 z 轴的力矩为

$$M_z = \int_0^{\pi R} qR\,ds = R^2 \int_0^\pi q\,d\theta$$

把上节中求得的剪流 q 的值代入上式,可得

$$M_z = -\frac{2Q_y}{\pi R}\int_0^\pi \sin\theta\,d\theta = -\frac{4}{\pi}Q_y R$$

由力矩等价条件,可得

$$x_{cr} = -\frac{4}{\pi}R$$

以上推导表明,当且仅当剪力 Q_y 的作用线通过 x 轴上 $x=x_{cr}$ 这一点时,剪力 Q_y 与它引起的剪流在力和力矩上均满足静力等价条件。此时,开口截面梁只发生弯曲,而不存在剖面扭转。同理,若开口截面上仅作用有剪力 Q_x,可以求得静力等价的剪流,并根据力矩等价条件求得 y_{cr},当且仅当剪力 Q_x 的作用线通过 y 轴上 $y=y_{cr}$ 这一点时,开口截面梁只发生平移,而不发生扭转。

更进一步地,若开口截面同时存在剪力 Q_x 和 Q_y 的作用,则当且仅当这两个剪力的作用线通过点 $(x_{cr}、y_{cr})$ 时,才满足剖面只发生弯曲而不发生扭转的情况。事实上,该点是剪流合力的作用点,只有作用在该点上时才只引起弯曲而无扭转,我们称该点为剪心或弯心。所有剖面的弯心的连线代表了梁的弯曲轴,它是梁的"刚性轴",因此在工程梁理论中,又将其称为刚心。

对于开口截面的硬壳式薄壁结构,剪力作用下的剖面剪流由式(7.35)确定,因此,剪力必须施加在剖面的弯心上。由此我们可以得出,骨架蒙皮结构中的开口截面梁在工程梁理论中不能承受和传递扭矩。根据这一结论,在设计飞机薄壁结构开口截面梁时,需十分重视开口截面的弯心位置,以便合理地施加由这种结构传递的载荷。

例题 7-3 图 7.12 表示开剖面的硬壳式薄壁结构,板的厚度均为 t,在剖面上有剪力 Q_y 作用。求剪流 q 的分布和弯心位置。

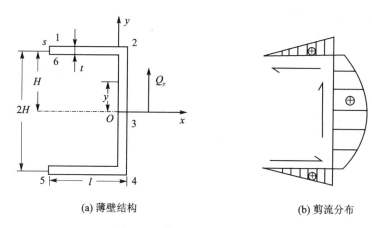

(a) 薄壁结构　　　　　　　　(b) 剪流分布

图 7.12　薄壁结构及剪流分布

解：

首先，选取 $s=0$ 的点。考虑到剖面是开口截面，因此 s 的原点取在自由边（图中的 1 点），该点上的 $q_0=0$。由于仅有 Q_y 作用，式(7.35)可简化为

$$q = k \frac{Q_y}{I_{ox}} \widetilde{S}_x$$

由于剖面用同一种材料，材料的折算系数均为 $\emptyset=1$。由于 x 轴是对称轴，因此也是形心轴，有

$$\emptyset = 1, \quad k = 1, \quad y_0 = 0, \quad \widetilde{y} = y$$

$$I_{ox} = 2ltH^2 + \frac{2}{3} tH^3 = 2tH^2 \left(l + \frac{H}{3} \right)$$

对于 1-2 段：

$$\widetilde{S}_{x,1-2}(S) \int_0^s yt\,\mathrm{d}s = \int_0^s yt\,\mathrm{d}s = \int_0^s tH\,\mathrm{d}s = tHs_i$$

由此结果可知，静矩呈直线变化，其值点 1 至点 2 由 0 增加至 tHs_i。

在 2-3 段：

$$\widetilde{S}_{x,2-3}(S) \int_0^s yt\,\mathrm{d}s = \widetilde{S}_{x,2}(S) + \int_H^y yt(-\,\mathrm{d}y) = tHl + \frac{t}{2}(H^2 - y^2)$$

由此结果可知，2-3 段的静矩呈抛物线变化，在 $y=0$ 处达到最大值 $tHl + \dfrac{tH^2}{2}$。

在 3-4 段：

$$\widetilde{S}_{x,3-4}(S) \int_0^s yh\,\mathrm{d}s = \widetilde{S}_{x,3}(S) + \int_0^{s_j} yt(-\,\mathrm{d}s) = tHl - tHs_{j'}$$

由此结果可知，3-4 段的静矩为直线变化，点 4 处为最小值 0，在点 3 处达到最大值 tHl。

根据剪流的计算式，将上述求出的静矩表达式乘以 Q_y / I_{ox}，并将求出的 I_{ox} 的

表达式代入,即可获得剪流的表达式。q 的分布如图 7.11(b)所示,q 大于 0,则剪流的方向与 s 方向相反。

考虑剪流的合力情况,剪流 q 沿剖面周缘蒙皮的中线分布,剪流在 x 方向的合力等于零,在 y 方向的合力为 Q_y,合力方向与外力方向一致。可以看出,分布剪流的合力与剖面剪力是等价的。

假设弯心的位置为 (x_0, y_0),x 轴是对称轴,因此弯心一定位于 x 轴上,即 $y_0=0$。

由剪力和剪流对 O 点等效,可以得到

$$x_0 = \frac{l}{2\left(1+\dfrac{H}{3l}\right)}$$

例题 7 - 4　有如图 7.13(a)所示的加强薄壁结构,其剖面形式为 T 形开口截面,剖面由 3 块板和 4 个纵向元件组成,板和纵向元件的材料相同。其中,上部的三个纵向元件(1、2、3)为缘条,面积均为 A,下部缘条(4)的剖面面积为 $3A$。求剪流分布和弯心位置。

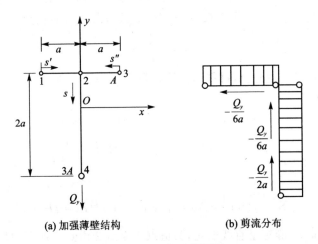

(a) 加强薄壁结构　　　　(b) 剪流分布

图 7.13　T 形开口截面梁

解:

首先,选取 $s=0$ 的点。针对这类具有分叉的开口截面,可以选择多个 $s=0$ 的原点以方便计算。选择自由边上的点 1 和点 3 分别作为原点。由于剖面仅由一种材料组成,且 y 轴是剖面的对称轴,因此 Oy 轴是形心轴。式(7.35)可简化为

$$q = k\frac{Q_y}{I_{ox}}\widetilde{S}_x$$

于是有

$$\varnothing = 1, k=1, y_0=0, \widetilde{y}=y$$
$$I_{ox} = a^2A + a^2A + a^2A + a^2 3A = 6a^2A$$

根据选取的两个 $s=0$ 原点,令原点为点 1 处的坐标为 s',原点为点 3 处的坐标

为 s''。加强薄壁结构中,正应力由纵向元件承受,因此板不承受正应力,于是有

$$S_x = \sum_{j=1}^{m} y_j A_j$$

在 1 - 2 段:此段由 s' 计算,$\tilde{S}_{x,1-2} = aA$,$q_{1-2} = k \dfrac{Q_y}{I_{ox}} \tilde{S}_{x,1-2} = \dfrac{Q_y}{6a}$;

在 3 - 2 段:此段由 s'' 计算,$\tilde{S}_{x,3-2} = 5A$,$q_{3-2} = k \dfrac{Q_y}{I_{ox}} \tilde{S}_{x,3-2} = \dfrac{Q_y}{6a}$;

在 2 - 4 段:在 2 处汇集,再向 4 计算,$\tilde{S}_{x,2-4} = 15A$,$q_{2-4} = k \dfrac{Q_y}{I_{ox}} \tilde{S}_{x,2-4} = \dfrac{Q_y}{2a}$。

对于此类开口截面梁,由于具有分叉结构,选择了多个 s 的原点,因此剪流的方向判断比较复杂,不能简单地以顺时针方向判断 s 方向。剪流计算结果中的正号表示 q 为正,意味着剪流的方向与 s 的方向相反。据此原则,分别判断每一段的剪流的方向,最终可以确定剪流 q 的分布情况如图 7.13(b)所示。从这一结果我们可以看出,s 的方向如何确定并不会影响剪流的分布,只是用来确定剪流的方向。

考虑剪流的合力情况,剪流 q 沿剖面周缘蒙皮的中线分布,剪流在 x 方向的合力等于 0,在 y 方向的合力为 Q_y,合力方向与外力方向一致。由此可见,分布剪流的合力与剖面剪力是等价的。

假设弯心的位置为 (x_0, y_0),y 轴是对称轴,因此弯心一定位于 x 轴上,即 $x_0 = 0$。由剪力和剪流对 O 点等效,可以得到:$y_0 = 5$。其弯心位置与点 2 重合。

7.5　闭口截面梁的剪应力

上节中关于开口截面梁的分析发现,开口截面梁只承受作用在弯心上的剪力而不能承受扭矩,是一个静不定的系统。而闭口截面梁可以承受剪力和扭矩,根据剖面上闭室的不同,单闭室是静定系统,可以由力的平衡条件来确定剪流的分布;而多闭室则是静不定系统,还需要加入变形协调条件来确定剪流的分布。本节重点介绍单闭室剖面剪应力的计算方法。

7.5.1　剪流分析

具有如图 7.14 所示的硬壳式薄壁结构,是典型单闭室薄壁梁。在其剖面壳体上作用有剪力 Q_x、Q_y 及扭矩 M_z。

采用推导开口截面梁剪流公式相同的方法和步骤,首先在壳体上取某一微元,然后利用平衡条件可得单闭室薄壁梁在剪力和扭矩作用下的剪流公式如下:

$$q = k \left[\frac{Q_y}{I_{ox}} \tilde{S}_x + \frac{Q_x}{I_{oy}} S_y \right] + q_0$$

推导结果可以发现,开口截面与单闭室剖面的剪流表达式相同。式中,q_0 代表

原点 $s=0$ 处的剪流值，s 的原点可任意选取。值得注意的是，开口截面梁具有自由边的力的边界条件，而 q_0 是由力的边界条件确定的，将原点 $s=0$ 点取在自由边时，可以方便地使得 $q_0=0$；然后由于单闭室剖面上不存在自由边，因此不能利用力的边界条件确定积分常数 q_0，必须通过力的平衡条件来确定其值。我们令：

$$q = \tilde{q} + q_0 \tag{7.36}$$

式中，

$$\tilde{q} = k\left[\frac{Q_y}{J_{ox}}\tilde{S}_x + \frac{Q_x}{J_{oy}}\tilde{S}_y\right] \tag{7.37}$$

如图 7.15 所示，我们建立以剪力作用线的交点为原点的剪力直角坐标系，根据剖面上作用的剪力 Q_x、Q_y 及扭矩 M_z 与剪流 q 对剖面任意点的力矩等价条件，可以列出力的平衡方程。

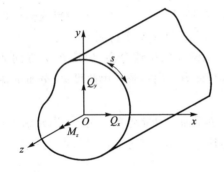

图 7.14 单闭室薄壁梁

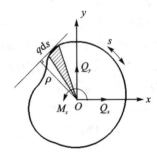

图 7.15 单闭室受力分析

剪流对坐标原点的力矩为

$$M_z = \oint q\rho\,\mathrm{d}s \tag{7.38}$$

式中，M_z 为剖面上的合扭矩（包括将剪力平移至坐标原点产生的附加扭矩），ρ 为力矩中心 O 点与周线上各点切线的距离。将式(7.36)代入上式，可得

$$M_z = \oint(\tilde{q} + q_0)\rho\,\mathrm{d}s = \oint\tilde{q}\rho\,\mathrm{d}s + q_0\oint\rho\,\mathrm{d}s \tag{7.39}$$

注意到 $\rho\,\mathrm{d}s$ 与图 7.20 中阴影部分三角形（以 O 为顶点，$\mathrm{d}s$ 为底边）有关，$\rho\,\mathrm{d}s$ 为该三角形面积的 2 倍，由此，式(7.39)中的 $\oint\rho\,\mathrm{d}s$ 等于单闭室周线所围成图形面积的 2 倍，我们将这一项记为 Ω，即

$$\Omega = \oint\rho\,\mathrm{d}s \tag{7.40}$$

式(7.39)可改写为

$$M_z = \oint\tilde{q}\rho\,\mathrm{d}s + q_0\Omega \tag{7.41}$$

于是 q_0 可由下式计算得到

$$q_0 = \frac{M_z}{\Omega} - \frac{\oint \tilde{q}\rho \mathrm{d}s}{\Omega} \qquad (7.42)$$

单闭室与开口截面在剪流的求解过程中有明显不同,有几个方面需要注意:首先,单闭室剖面为闭口截面薄壁结构,可以同时承受剪力和扭矩,而开口截面梁只能承受通过弯心的剪力。其次,在选取 $s=0$ 原点时由于没有自由边,该点可任意选取,但如果剖面具有对称轴,则应考虑选在对称轴处,由于剪力、扭矩是反对称载荷,剪流是反对称内力,因此对称轴上的剪流为 0。再次,若单闭室硬壳薄壁结构的剖面上仅有扭矩作用,则剪流的计算式(7.42)可简化为

$$q = \frac{M_z}{\Omega} \qquad (7.43)$$

式(7.43)称为白雷特(Bredt)公式。由此式可见,单闭室剖面壳体自由扭转时,剪流为常量,而与周线形状无关。若剖面厚度沿周线变化,则根据剪应力的定义,厚度最小处的剪应力最大。

最后,若单闭室剖面上仅作用有一个方向的剪力(如 Q_y),假设坐标系为剖面折算形心坐标系,则其剪流分布结果如下:

$$q = \frac{Q_y}{I_{ox}}\tilde{S}_x + \frac{Q_y x}{\Omega} - \frac{Q_y}{\Omega}\oint \tilde{S}_x \rho \mathrm{d}s$$

对于具有纵向元件的加强薄壁结构,其剪流的计算可参照开口截面的方法处理。

例题 7-5　如图 7.16(a)所示同一材料制成半径为 R 的硬壳式圆柱薄壁结构,其厚度均为 t,剖面上作用有一剪力 Q_y,试求剪流 q 沿周线的分布。

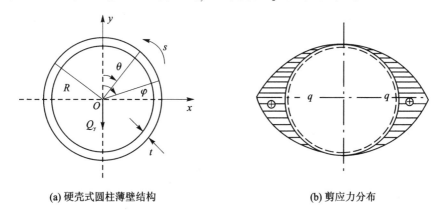

(a) 硬壳式圆柱薄壁结构　　　　　　　(b) 剪应力分布

图 7.16　单闭室圆柱薄壁结构

解:

由于剖面具有对称性,Ox 轴是剖面的中性轴,且由同一种材料组成。于是有:

$$\varnothing = 1, \quad k = 1, \quad y_0 = 0, \quad \tilde{y} = y$$

不妨取圆周顶点作为 s 的原点，那么由对称条件可得 $q_0 = 0$。于是，单闭室剪流计算公式(7.35)简化为

$$q = \frac{Q_y}{I_{ox}}\widetilde{S}_x$$

由于壁厚 h 与半径 r 相比很小，所以

$$I = \pi R^3 t$$

采用中心角 φ 表示圆周上各点的位置，于是，由原点 $s = 0$ 到该点位置的静矩为

$$\widetilde{S}_x = \int_0^s yh\,\mathrm{d}s = \int_0^\varphi r\cos\theta tR\,\mathrm{d}\theta$$

积分后得

$$\widetilde{S}_x = R^2 t\sin\theta$$

所以

$$q = \frac{-Q_y}{I_{ox}}S_x = -\frac{Q_y}{\pi R}\sin\varphi$$

则剪应力 q 分布如图 7.16(b)所示。

7.5.2　位移计算

单闭室剖面的位移主要包括线位移和角位移(扭转角)，可以采用单位载荷法对这两个位移进行求解。

（1）线位移

为了求取剖面上 i 点的线位移，首先在 i 点上作用一单位力 $P = 1$，设 σ_p、τ_p 为外载荷引起的应力，σ_1、τ_1 是单位力引起的内力。

考虑到 $q_p = \tau_p t$、$q_1 = \tau_1 t$，根据单位载荷定理，i 点的线位移为

$$\Delta_i = \int_0^L \oint \frac{\sigma_p \sigma_1}{E}t\,\mathrm{d}s\,\mathrm{d}z + \int_0^L \oint \frac{q_p q_1}{Gt}\,\mathrm{d}s\,\mathrm{d}z \tag{7.44}$$

（2）角位移

首先在剖面上作用一单位力矩 $M_z = 1$，设 σ_p、τ_p 为外载荷引起的应力，σ_1、τ_1 是单位力矩引起的内力。考虑到 $q_p = \tau_p t$、$q_1 = \tau_1 t = \dfrac{1}{\Omega}$、$\sigma_1 = 0$，有

$$\varphi = \int_0^L \oint \frac{q_p q_1}{Gt}\,\mathrm{d}s\,\mathrm{d}z \tag{7.45}$$

式中，G 为剪切模量，t 为厚度。将式(7.33)q 的表达式代入上式，即可求解得到扭转角。

7.5.3　弯心位置的确定

当剖面上的剪力通过弯心时，此剖面只有平移而无扭转，也即此剖面的相对扭角等于零。利用这一变形条件，可以求出单闭室剖面弯心的坐标。

首先，假设剖面上仅有 Q_y 的作用，且作用在弯心上，根据变形条件，可以得到由其引起的扭转角 $\varphi=0$，于是有

$$\bar{x} = \frac{1}{I_{ox}} \left[\oint \tilde{S}_x \rho \, \mathrm{d}s - \frac{\Omega \oint \tilde{S}_x \dfrac{\mathrm{d}s}{t}}{\oint \dfrac{\mathrm{d}s}{t}} \right] \tag{7.46}$$

同理，若剖面上仅有 Q_x 作用，且作用在弯心上，可得

$$\bar{y} = \frac{1}{I_{oy}} \left[\oint \tilde{S}_y \rho \, \mathrm{d}s - \frac{\Omega \oint \tilde{S}_y \dfrac{\mathrm{d}s}{t}}{\oint \dfrac{\mathrm{d}s}{t}} \right] \tag{7.47}$$

上述计算公式表明，弯心的位置仅取决于剖面的几何性质而与外载荷无关。若剖面有对称轴，则弯心在对称轴上。

7.5.4　扭心位置的确定

所谓剖面的扭心，就是当扭矩作用在剖面上时，线位移为零的点。根据这一变形条件，可以求出单闭室剖面扭心的坐标。

若在剖面的扭心点上作用一个单位剪力 $Q_y=1$，可以通过单位载荷法求出该点的线位移；并根据线位移为零，可以得到扭心的位置：

$$\bar{\bar{X}} = \frac{1}{I_{ox}} \left[\oint \tilde{S}_x \rho \, \mathrm{d}s - \frac{\Omega \oint \tilde{S}_x \dfrac{\mathrm{d}s}{t}}{\oint \dfrac{\mathrm{d}s}{t}} \right] \tag{7.48}$$

同理，若在剖面的扭心点上作用一个单位剪力 $Q_x=1$，可以通过单位载荷法求出该点的线位移；并根据线位移为零，可以得到扭心的位置：

$$\bar{\bar{y}} = \frac{1}{I_{oy}} \left[\oint \tilde{S}_y \rho \, \mathrm{d}s - \frac{\Omega \oint \tilde{S}_y \dfrac{\mathrm{d}s}{t}}{\oint \dfrac{\mathrm{d}s}{t}} \right] \tag{7.49}$$

以上单闭室弯心和扭心的推导计算结果表明，弯心与扭心的位置重合。

此外，通过位移互等定理，同样可以证明弯心和扭心位置重合。由位移互等定理可知，系统由第一种单位载荷引起的与第二种载荷相对应的位移，等于由第二种单位载荷所引起的与第一种载荷相对应的位移，即 $\delta_{12}=\delta_{21}$。根据定义，当剪力 $Q=1$ 作用在弯心上时，引起的剖面扭转角 $\varphi=\delta_{12}=0$；扭矩 $M_z=1$ 在弯心处引起的线位移应该为 δ_{21}。根据位移互等定理，$\delta_{21}=\delta_{12}=0$，即当剖面受到扭矩作用时，弯心点处的线位移为零。由此可见，扭心与弯心是重合的。

第8章　飞机薄板结构的分析

　　飞机结构中有很多板结构,如飞机的整体壁板式翼面或安定面一般是三角形或矩形板。另外,机翼结构相邻纵梁和翼肋之间或机身相邻纵梁和框架之间的受力蒙皮,局部可等效为板结构。板结构在相对小的载荷作用下就容易发生屈曲,因此很多飞机构件都是由肋板和桁条加强而成的薄板组成。仅仅求解薄板在各种载荷下的屈曲比较简单,但使用肋板和桁条对薄板进行加强时,问题就变得十分复杂,通常要依靠经验解。在这一章中,我们将根据力的平衡条件建立微分方程,研究在各种载荷和支持条件作用下小变形薄板的效应。

8.1　薄板的小挠度弯曲理论

8.1.1　薄板基本概述

　　通常,我们将厚度方向尺寸远小于其他方向尺寸的板状结构称为薄板结构,这种结构除了能够抵抗薄膜力外,还应具有抵抗弯曲的能力。如图 8.1 所示,薄板的厚度为 h。将薄板在厚度方向平分(与上下表面等距离)的平面称为板的中面,若中面的特征尺寸(如边长、直径等)为 l,则当厚度 h 远远小于特征尺寸($h/l \ll 1$)时板件可称为薄板,否则称为厚板。对于一般的计算精度要求,当 $h/l \leqslant 1/5$ 时可以按薄板计算。

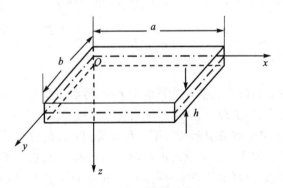

图 8.1　典型的薄板结构

　　薄板所受的外载荷方向可分为面内载荷(外载荷在中面内)、垂向载荷(外载荷垂直于中面)及混合载荷(面内载荷与垂向载荷共同作用)。如果为面内载荷,则属于典型的弹性力学平面应力问题,在弹性力学基础知识中已作介绍;如果外载荷垂直于中面,则薄板将发生弯曲,本章将重点研究垂向载荷情况下的薄板弯曲问题;如果面内载荷与垂向载荷同时存在,需要分类进行分析,若面内载荷较大,主要考虑其对薄板弯曲的影响,若面内载荷为压缩力,则需要考虑薄板的稳定性问题。

薄板在外载荷作用下发生弯曲变形,其中面将变形为曲面,称为薄板的挠曲面,中面各点在垂直于中面方向上的位移称为薄板的挠度。假设薄板边缘受到限制约束,使得其边缘无法在中面内自由移动,则当薄板承受垂向载荷而发生弯曲时,其边缘支撑上除了引起垂向的支反力外,还将引起中面内的支反力。因此,在薄板剖面内的正应力除了弯曲应力外还有附加的位于薄板平面内沿厚度均匀分布的正应力,称之为链应力或薄膜应力。

薄板在弯曲时所形成的不同应力状态,特别是弯曲应力与链应力分布,对于研究和求解薄板弯曲问题十分重要。如果薄板剖面内链应力远小于弯曲应力,则此时链应力可被忽略不计。通常情况下,当薄板的最大弯曲挠度 w 远小于板的厚度 h 时(一般取 $w/h \leqslant 1/5$),板中面内附加的链应力可忽略不计,此类问题被称为薄板小挠度弯曲问题。当板的挠度 w 和板的厚度 h 为同一量级($w/h > 1/5$)时,在推导薄板的微分方程时就必须考虑链应力的影响,位移与变形为非线性,不能采用小位移理论的线性关系,导致最终建立的方程为非线性方程,此类问题称为薄板的大挠度问题。而如果薄板的厚度极小,弯曲发生时薄板的挠度 w 远大于板的厚度 h(即 $w/h \gg 1$),此时薄板变形后中面将弯曲成曲面,外载荷主要与薄板的附加链应力平衡,即板的弯曲应力远小于链应力,此种情况下的抗弯应力可以忽略不计,此类问题转化为弹性薄膜问题。本章主要讨论研究弹性薄板的小挠度弯曲问题。

由于与梁弯曲问题相似,为使研究问题简化,在研究薄板弯曲时使用的方法类似。薄板的小挠度弯曲理论可以认为是梁弯曲理论的发展,采用与梁弯曲理论类似的假设,这些假设是由基尔霍夫首先提出来的,因此又称为基尔霍夫假设。

假设 1: 弯曲变形前与中面垂直的直线在变形后保持为直线且其线段的长度保持不变,同时垂直于变形后的中面。换句话说,此假设忽略了薄板的剪应变 γ_{xz} 和 γ_{yz},即 $\gamma_{xz} = \gamma_{yz} = 0$。

假设 2: 垂直于中面方向的应力分量远小于其他应力分量,其引起的变形可以忽略不计。换句话说,平行于薄板中面的各层薄板之间互不挤压,即在厚度方向不存在应力和应变。由于厚度方向的应变为零,则挠度 w 沿着板厚度方向的变化可以忽略不计,即认为挠度 w 仅是关于 x 和 y 的函数而与坐标 z 无关,由此,可认为在同一厚度各点的挠度都等于中面的挠度。

假设 3: 薄板弯曲时,中面内只有垂直于中面的位移而不存在伸缩和剪切变形。即薄板在垂向载荷的作用下发生弯曲时,中面内各点不存在平行于板面的位移,只有沿中面法线方向的挠度。

8.1.2　基本方程

在以上假设的基础上，采用位移法建立薄板弯曲的微分方程。

1. 薄板位移和应变分量

如图 8.1 所示的直角坐标系下的薄板结构，根据假设 1，$\gamma_{xz}=\gamma_{yz}=0$，可得

$$\begin{cases} \gamma_{xz}=\dfrac{\partial w}{\partial x}+\dfrac{\partial u}{\partial z}=0 \\[2mm] \gamma_{yz}=\dfrac{\partial w}{\partial y}+\dfrac{\partial v}{\partial z}=0 \end{cases} \tag{8.1}$$

变形后得到

$$\begin{cases} \dfrac{\partial u}{\partial z}=-\dfrac{\partial w}{\partial x} \\[2mm] \dfrac{\partial v}{\partial z}=-\dfrac{\partial w}{\partial y} \end{cases} \tag{8.2}$$

对 z 求积分可得

$$\begin{cases} u=-z\dfrac{\partial w}{\partial x}+f_1(x,y) \\[2mm] v=-z\dfrac{\partial w}{\partial y}+f_2(x,y) \end{cases} \tag{8.3}$$

考虑到假设 3，$u|_{z=1}=v|_{z=0}=0$，将此条件代入上式，可得

$$\begin{cases} u=-z\dfrac{\partial w}{\partial x} \\[2mm] v=-z\dfrac{\partial w}{\partial y} \end{cases} \tag{8.4}$$

由弹性力学基础知识，可得到利用挠度 w 表示各方向的应变分量：

$$\begin{cases} \varepsilon_x=\dfrac{\partial u}{\partial x}=-z\dfrac{\partial^2 w}{\partial x^2} \\[2mm] \varepsilon_y=\dfrac{\partial v}{\partial y}=-z\dfrac{\partial^2 w}{\partial y^2} \\[2mm] \gamma_{xy}=\dfrac{\partial u}{\partial y}+\dfrac{\partial v}{\partial x}=-2z\dfrac{\partial^2 w}{\partial x\partial y} \end{cases} \tag{8.5}$$

为简化上式，定义曲率变形分量 $\kappa_x=\dfrac{\partial^2 w}{\partial x^2}$，$\kappa_y=\dfrac{\partial^2 w}{\partial y^2}$，$\kappa_{xy}=\dfrac{\partial^2 w}{\partial x\partial y}$，可以理解为"广义变形"，则应变分量可写作：

$$\begin{cases} \varepsilon_x = \dfrac{\partial u}{\partial x} = -z\kappa_x \\[2mm] \varepsilon_y = \dfrac{\partial v}{\partial y} = -z\kappa_y \\[2mm] \gamma_{xy} = \dfrac{\partial u}{\partial y} + \dfrac{\partial v}{\partial x} = -2z\kappa_{xy} \end{cases} \tag{8.6}$$

2. 薄板的应力分量

根据弹性力学中应力-应变关系以及假设 2 可知,本构方程简化为

$$\begin{cases} \sigma_x = \dfrac{E}{1-\mu^2}(\varepsilon_x + \mu\varepsilon_y) \\[2mm] \sigma_y = \dfrac{E}{1-\mu^2}(\varepsilon_y + \mu\varepsilon_x) \\[2mm] \tau_{xy} = \dfrac{E}{2(1+\mu)}\gamma_{xy} \end{cases} \tag{8.7}$$

式中,μ 为泊松比,E 为弹性模量。将应变表达式代入上式, 有

$$\begin{cases} \sigma_x = -\dfrac{Ez}{1-\mu^2}\left(\dfrac{\partial^2 w}{\partial x^2} + \mu\dfrac{\partial^2 w}{\partial y^2}\right) = -\dfrac{Ez}{1-\mu^2}(\kappa_x + \mu\kappa_y) \\[2mm] \sigma_y = -\dfrac{Ez}{1-\mu^2}\left(\dfrac{\partial^2 w}{\partial y^2} + \mu\dfrac{\partial^2 w}{\partial x^2}\right) = -\dfrac{Ez}{1-\mu^2}(\kappa_y + \mu\kappa_x) \\[2mm] \tau_{xy} = -\dfrac{Ez}{1+\mu}\dfrac{\partial^2 w}{\partial x \partial y} = -\dfrac{Ez}{1+\mu}\kappa_{xy} \end{cases} \tag{8.8}$$

由式(8.8)可知,应力各分量 σ_x、σ_y 和 σ_{xy} 与薄板厚度方向坐标 z 成正比,即沿厚度方向为直线分布。

假设薄板所受的体积力为零,则有三维弹性力学平衡方程:

$$\begin{cases} \dfrac{\partial \sigma_x}{\partial x} + \dfrac{\partial \tau_{yx}}{\partial y} + \dfrac{\partial \tau_{zx}}{\partial z} = 0 \\[2mm] \dfrac{\partial \sigma_y}{\partial y} + \dfrac{\partial \tau_{zy}}{\partial z} + \dfrac{\partial \tau_{xy}}{\partial x} = 0 \\[2mm] \dfrac{\partial \sigma_z}{\partial z} + \dfrac{\partial \tau_{xz}}{\partial x} + \dfrac{\partial \tau_{yz}}{\partial y} = 0 \end{cases} \tag{8.9}$$

将式(8.8)代入上式,考虑到薄板的上下表面处的剪应力为零,即当 $z = \pm h/2$ 时,$\tau_{zx} = \tau_{zy} = 0$,则可得

$$\begin{cases} \tau_{zx} = \dfrac{1}{2}\left(z^2 - \dfrac{h^2}{4}\right)\left[\dfrac{E}{1-\mu^2}\dfrac{\partial}{\partial x}\left(\dfrac{\partial^2 w}{\partial x^2} + \mu\dfrac{\partial^2 w}{\partial y^2}\right) + \dfrac{E}{1+\mu}\dfrac{\partial^3 w}{\partial x \partial y^2}\right] \\[3mm] \tau_{zy} = \dfrac{1}{2}\left(z^2 - \dfrac{h^2}{4}\right)\left[\dfrac{E}{1-\mu^2}\dfrac{\partial}{\partial y}\left(\dfrac{\partial^2 w}{\partial y^2} + \mu\dfrac{\partial^2 w}{\partial x^2}\right) + \dfrac{E}{1+\mu}\dfrac{\partial^3 w}{\partial x^2 \partial y}\right] \end{cases} \tag{8.10}$$

由上式可知,应力分量 τ_{zx} 和 τ_{zy} 沿薄板的厚度方向呈抛物线分布规律变化。

3. 广义位移与平衡关系

在图 8.1 中的 薄板中取出厚度为 t,底边为 $\mathrm{d}x$ 和 $\mathrm{d}y$ 的一微小单元体,将作用在单元体上的剪力、弯矩和扭矩转化到中面上,如图 8.2 所示。

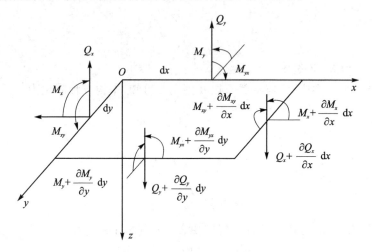

图 8.2　薄板微元受力分析

图中剪力 Q_x、Q_y,弯矩 M_x、M_y 和扭矩 M_{xy}、M_{yx} 为单位长度上的数值大小,并以图中箭头所示方向为正方向,则有

$$\begin{cases} M_x = \displaystyle\int_{-h/2}^{h/2} \sigma_x z\,\mathrm{d}z, \quad M_y = \int_{-h/2}^{h/2} \sigma_y z\,\mathrm{d}z \\[2ex] M_{xy} = -\displaystyle\int_{-h/2}^{h/2} \tau_{xy} z\,\mathrm{d}z, \quad M_{yx} = \int_{-h/2}^{h/2} \tau_{yx} z\,\mathrm{d}z \\[2ex] Q_x = \displaystyle\int_{-h/2}^{h/2} \tau_{xz}\,\mathrm{d}z, \quad Q_y = \int_{-h/2}^{h/2} \tau_{yz}\,\mathrm{d}z \end{cases} \tag{8.11}$$

假设所取的微元体受均布载荷作用,对其进行受力分析可知,满足其中三个平衡方程 $\sum X = 0$, $\sum Y = 0$ 和 $\sum M_z = 0$,其他三个平衡方程如下:

$$\begin{cases} \sum Z = 0, \quad \dfrac{\partial Q_x}{\partial x} + \dfrac{\partial Q_y}{\partial y} + q = 0 \\[2ex] \sum M_x = 0, \quad \dfrac{\partial M_{xy}}{\partial x} + \dfrac{\partial M_y}{\partial x} - Q_y = 0 \\[2ex] \sum M_y = 0, \quad \dfrac{\partial M_x}{\partial x} + \dfrac{\partial M_{yx}}{\partial y} - Q_x = 0 \end{cases} \tag{8.12}$$

4. 弯曲变形的微分方程

以上,我们根据基尔霍夫假设,利用位移法得到了基本方程,将应变和应力分量用挠度 $w(x,y)$ 进行表达,结合平衡方程即可得到以挠度为自变量的线性偏微分方程,再根据边界条件即可完全求解挠度 $w(x,y)$,进一步即可得到薄板的应力和应变

分布。

将式(8.12)的第 2 式和第 3 式等号两边分别对 y 和 x 求偏导数,再结合第 1 式,可将 Q_x 和 Q_y 消去,并且 $M_{xy} = M_{yx}$ 可得

$$\frac{\partial^2 M_x}{\partial x^2} + 2 \frac{\partial^2 M_{xy}}{\partial x \partial y} + \frac{\partial^2 M_y}{\partial y^2} = -q \tag{8.13}$$

将式(8.8)代入式(8.11),求解出弯矩 M_x、M_y 和扭矩 M_{xy} 可得

$$\begin{cases} M_x = -D \left(\frac{\partial^2 w}{\partial x^2} + \mu \frac{\partial^2 w}{\partial y^2} \right) = -D \left(\kappa_x + \mu \kappa_y \right) \\[2mm] M_y = -D \left(\frac{\partial^2 w}{\partial y^2} + \mu \frac{\partial^2 w}{\partial x^2} \right) = -D \left(\kappa_y + \mu \kappa_x \right) \\[2mm] M_{xy} = -D(1 - \mu) \frac{\partial^2 w}{\partial x \partial y} = -D(1 - \mu) \kappa_{xy} \end{cases} \tag{8.14}$$

上式中,D 称为板的弯曲刚度,其表达式为

$$D = \frac{Eh^3}{12(1 - \mu^2)} \tag{8.15}$$

薄板的弯曲刚度与梁的弯曲刚度有一定的差别,薄板弯曲刚度是指薄板在侧向不允许有伸缩的条件下,单位宽度内弯矩与曲率的比值,单位是 N·m;而梁的弯曲刚度是指梁在无侧向约束(即允许梁剖面在侧向自由伸缩)的条件下,剖面上的弯矩与曲率的比值,单位是 N·m²。

将式(8.14)代入式(8.13)可得

$$\left(\frac{\partial^4 w}{\partial x^4} + 2 \frac{\partial^4 w}{\partial x^2 \partial y^2} + \frac{\partial^4 w}{\partial y^4} \right) = \frac{q}{D} \tag{8.16}$$

或简写成

$$\nabla^2 \nabla^2 w = \frac{q}{D} \tag{8.17}$$

式中,$\nabla^2 = \frac{\partial^2}{\partial x^2} + \frac{\partial^2}{\partial y^2}$ 为拉普拉斯算子。

式(8.16)是一个关于挠度的四阶偏微分方程,是薄板小挠度弯曲问题的基本微分方程。

假设薄板除了承受垂直于中面的单位面积内的均布载荷 q 外,还有作用于薄板中面内的单位宽度的力 F_x、F_y、F_{xy},则平衡方程进一步可写成

$$D \left(\frac{\partial^4 w}{\partial x^4} + 2 \frac{\partial^4 w}{\partial x^2 \partial y^2} + \frac{\partial^4 w}{\partial y^4} \right) = q + F_x \frac{\partial^2 w}{\partial x^2} + F_y \frac{\partial^2 w}{\partial y^2} + 2F_{xy} \frac{\partial^2 w}{\partial x \partial y} \tag{8.18}$$

由式(8.12)可得剪力 Q_x 和 Q_y 表达式:

$$\begin{cases} Q_x = \frac{\partial M_x}{\partial x} + \frac{\partial M_{yx}}{\partial y} \\[2mm] Q_y = \frac{\partial M_{xy}}{\partial x} + \frac{\partial M_y}{\partial x} \end{cases} \tag{8.19}$$

将式(8.14)代入上式可将剪力 Q_x 和 Q_y 也表示成挠度 w 的函数：

$$\begin{cases} Q_x = -D\dfrac{\partial}{\partial x}\left(\dfrac{\partial^2 w}{\partial x^2} + \dfrac{\partial^2 w}{\partial y^2}\right) = -D\dfrac{\partial}{\partial x}(\nabla^2 w) \\ Q_y = -D\dfrac{\partial}{\partial y}\left(\dfrac{\partial^2 w}{\partial x^2} + \dfrac{\partial^2 w}{\partial y^2}\right) = -D\dfrac{\partial}{\partial y}(\nabla^2 w) \end{cases} \tag{8.20}$$

8.1.3　边界条件

对于薄板的弯曲问题，如果给出式(8.16)或(8.17)的边界条件则可求解出挠度的解，进一步根据物理方程(8.8)可得到板的应力，根据几何方程(8.6)可得到薄板的应变。因此，薄板弯曲问题在数学上本质是一个求解基本微分方程(8.16)或(8.17)的边值问题。方程(8.16)属于双调和微分方程，若边界上有合适数量的边界条件，此方程有唯一确定的解。对于四阶的双调和微分方程，其通解中含有 8 个未知的常数，所以对于矩形板来说，每边各有 2 个边界条件即可求解该微分方程。以矩形薄板为例，典型的边界条件如下。

1. 简支边界

我们假设图 8.1 所示的薄板的边 $x=0$ 可以自由旋转但不能偏转，则该边缘被称作简支，沿着边缘方向的弯矩一定为零，同时挠度 $w=0$，根据式(8.14)，有

$$\begin{cases} w\big|_{x=0} = 0 \\ M_x\big|_{x=0} = -D\left[\dfrac{\partial^2 w}{\partial x^2} + \mu\dfrac{\partial^2 w}{\partial y^2}\right]_{x=0} = 0 \end{cases} \tag{8.21}$$

由于在简支边上 $\dfrac{\partial^2 w}{\partial y^2}=0$，因此，简支边的边界条件最终可简化为

$$w\big|_{x=0} = 0, \quad \dfrac{\partial^2 w}{\partial x^2}\bigg|_{x=0} = 0 \tag{8.22}$$

2. 固定边界

如图 8.3 所示，如果薄板 $y=0$ 的边是固定的，使得该边既不能转动也不能偏移，那么，除了 w 之外，与该边缘垂直的薄板的中面的斜率也必定为零。

此边挠度和转角均为零，即边界条件可表述为

$$\begin{cases} w\big|_{y=0} = 0 \\ \dfrac{\partial w}{\partial y}\bigg|_{y=0} = 0 \end{cases} \tag{8.23}$$

3. 自由边界

沿着自由边缘的方向没有弯矩、扭矩或垂直剪力，因此当这三个给定的数值都为零时表示此边界为自由边，假设图 8.3 中 $x=0$ 的边

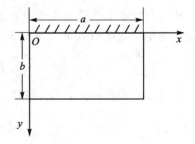

图 8.3　嵌入边缘薄板

是自由边,则有

$$\begin{cases} (M_x)_{x=0} = 0 \\ (M_{xy})_{x=0} = 0 \\ (Q_x)_{x=0} = 0 \end{cases} \tag{8.24}$$

　　于是,在 $y=b$ 的边上给出了 3 个边界条件。然而,基尔霍夫(Kirchoff,1850)已经证明,要获得方程(8.17)的解,只要两个边界条件就够了,并且可以通过将零扭矩和零剪力两个要求用一个单一的等效条件来代替,从而得到简化。汤姆森和泰特(Thomson 和 Tait,1883)给出了该简化的影响的物理学解释,他们指出沿着板边缘的方向,垂直力系可以代替使扭矩 M_{xy} 平衡的水平力系。事实上,式(8.24)中后两个关于扭矩和剪力的条件在薄板弯曲小挠度理论基本假设的基础上,可合并为一个边界条件来代替。

　　若在自由边上给定的弯矩、扭矩和剪力分别为 M_y、M_{yx} 和 Q_y,则沿边界作用的扭矩 M_{yx} 可以用另外一组与之静力等效的剪力和两个点的集中力进行替代。考虑沿着图 8.4 薄板边缘方向上的两个相邻单元体 δ_1 和 δ_2,单元体 δ_1 上的扭矩 $M_{xy}\delta_{y1}$ 可以用相距 δ_1 的一对力 M_{xy} 来代替。其中,M_{xy} 是单位长度上的扭矩,其量纲与力相同。相邻单元体 δ_2 上的扭矩是 $[M_{xy}+(\partial M_{xy}/\partial y)\partial y]\delta_{y2}$。同样,用一对力 $M_{xy}+(\partial M_{xy}/\partial y)\delta y$ 来代替 $[M_{xy}+(\partial M_{xy}/\partial y)\partial y]\delta_{y2}$。在两个相邻单元体的公共曲面上,存在合力 $(\partial M_{xy}/\partial y)$ 或单位长度上的垂直力 $\partial M_{xy}/\partial y$。对于图 8.2 所示的剪力 Q_x,单位长度上我们有静态等效垂直力 $(Q_x-\partial M_{xy}/\partial y)$。所以用等效条件 $\left(Q_x-\dfrac{\partial M_{xy}}{\partial y}\right)_{x=0}=0$ 代替自由边 $(M_{xy})_{x=0}=0$ 和 $(Q_x)_{x=0}=0$ 这两种不同情况(见图 8.4)。

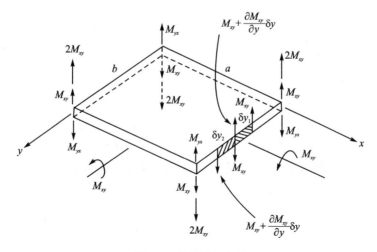

图 8.4　等效垂直力系

将其转化为利用挠度 w 表示,即

$$\left[\frac{\partial^2 w}{\partial x^2} + (2-\mu)\frac{\partial^3 w}{\partial x \partial y^2}\right]_{x=0} = 0 \qquad (8.25)$$

并且沿着自由边的方向,弯矩为零,则有

$$(M_x)_{x=0} = \left(\frac{\partial^2 w}{\partial x^2} + \mu\frac{\partial^2 w}{\partial y^2}\right)_{x=0} = 0 \qquad (8.26)$$

8.2　矩形薄板弯曲的解法

　　上一节中,我们推导了薄板弯曲的微分方程并给出了几种典型情况下的边界条件。在工程中,飞机设计中常常涉及矩形薄板结构,尽管已经推导出基本微分方程和边界条件,但直接求解出矩形板的弯曲问题的精确解尚有一定困难,需要利用诸如无穷级数法或能量法来求解其近似解。

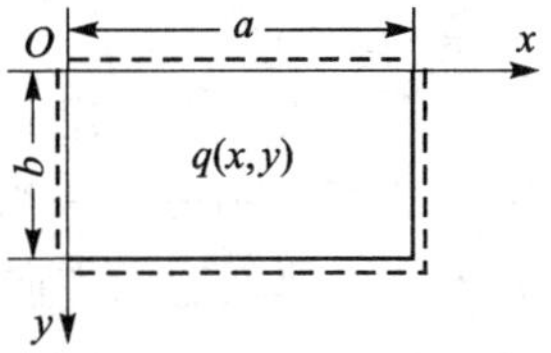

图 8.5　四边简支矩形薄板

　　有如图 8.5 所示的一块尺寸为 $a \times b$ 的矩形薄板结构,沿其四边简支并承受分布载荷 $q(x,y)$。

　　矩形薄板的挠度应满足微分方程:

$$D\left(\frac{\partial^4 w}{\partial x^4} + 2\frac{\partial^4 w}{\partial x^2 \partial y^2} + \frac{\partial^4 w}{\partial y^4}\right) = q(x,y) \qquad (8.27)$$

与边界条件:

$$w\big|_{x=0} = w\big|_{x=a} = 0, \quad \frac{\partial^2 w}{\partial x^2}\bigg|_{x=0} = \frac{\partial^2 w}{\partial x^2}\bigg|_{x=a} = 0$$

$$w\big|_{y=0} = w\big|_{y=b} = 0, \quad \frac{\partial^2 w}{\partial x^2}\bigg|_{y=0} = \frac{\partial^2 w}{\partial x^2}\bigg|_{y=b} = 0 \qquad (8.28)$$

　　纳维(Navier)于 1820 年最先利用无穷级数法对此问题进行了求解,解的基本方法是将方程(8.27)的解 $w(x,y)$ 展开成双三角级数的形式:

$$w(x,y) = \sum_{m=1}^{\infty}\sum_{n=1}^{\infty} A_{mn}\sin\frac{m\pi x}{a}\sin\frac{n\pi y}{b} \quad (m,n=1,2,3,\cdots) \qquad (8.29)$$

　　式中,m 表示 x 轴方向上的半波数;n 表示 y 轴方向上的半波数。此外,A_{mn} 是未知系数,它必须满足前述的微分方程,并可按照下列方法求出。

　　我们也可以将载荷 $q(x,y)$ 用傅里叶级数来表示,当 $q(x,y) \neq 0$ 时,将其在 $[0,a]$ 和 $[0,b]$ 区间上展开成双三角级数:

$$q(x,y) = \sum_{m=1}^{\infty}\sum_{n=1}^{\infty} q_{mn}\sin\frac{m\pi x}{a}\sin\frac{n\pi y}{b} \quad (m,n=1,2,3,\cdots) \qquad (8.30)$$

　　上式两边分别乘以 $\sin\frac{m\pi x}{a}$ 和 $\sin\frac{m\pi y}{b}$,并在 $[0,a]$ 和 $[0,b]$ 区间上分别对 x 和 y 积分,利用级数的正交性可得

$$\int_0^a \int_0^b q(x,y) \sin\frac{m\pi x}{a} \sin\frac{n\pi y}{b} \mathrm{d}x\,\mathrm{d}y = \frac{ab}{4}a_{mn} \tag{8.31}$$

因此,可求出系数:

$$a_{mn} = \frac{4}{ab} \int_0^a \int_0^b q(x,y) \sin\frac{m\pi x}{a} \sin\frac{n\pi y}{b} \mathrm{d}x\,\mathrm{d}y \tag{8.32}$$

将式(8.29)和式(8.30)代入基本微分方程(8.27),为了满足对于任意 (x,y) 条件下方程(8.27)恒成立,则两边级数的每一项系数应相等,因此可得到

$$A_{mn} = \frac{1}{\pi^4 D} \cdot \frac{a_{mn}}{\left(\dfrac{m^2}{a^2} + \dfrac{a^2}{b^2}\right)} \tag{8.33}$$

将式(8.33)代入式(8.29)可得四边简支矩形薄板的通解:

$$w(x,y) = \frac{1}{\pi^4 D} \sum_{m=1}^{\infty} \sum_{n=1}^{\infty} \frac{a_{mn}}{\left(\dfrac{m^2}{a^2} + \dfrac{n^2}{b^2}\right)^2} \sin\frac{m\pi x}{a} \sin\frac{n\pi y}{b} \quad (m,n=1,2,3,\cdots)$$

$$\tag{8.34}$$

假设薄板所受载荷为均布载荷,即 $q(x,y)=q_0$,则由式(8.32)可得

$$a_{mn} = \begin{cases} \dfrac{4q_0}{ab} \int_0^a \int_0^b \sin\dfrac{m\pi x}{a} \sin\dfrac{n\pi y}{b} \mathrm{d}x\,\mathrm{d}y = \dfrac{16q_0}{\pi^2 mn} & (\text{当 } m \text{ 和 } n \text{ 均为奇数时}) \\ 0 & (\text{当 } m \text{ 或 } n \text{ 为偶数时}) \end{cases}$$

$$\tag{8.35}$$

因此,将上式代入式(8.34)即可得到均布载荷 q_0 作用下薄板的挠度方程:

$$w(x,y) = \frac{16q_0}{\pi^6 D} \sum_{m=1}^{\infty} \sum_{n=1}^{\infty} \frac{1}{mn\left(\dfrac{m^2}{a^2} + \dfrac{n^2}{b^2}\right)^2} \sin\frac{m\pi x}{a} \sin\frac{n\pi y}{b} \quad (m,n=1,2,3,\cdots) \tag{8.36}$$

由于在均布载荷 q_0 的作用下,薄板的挠度曲面关于 $x=a/2$ 和 $y=b/2$ 均对称,因此当 m 或者 n 其中之一为偶数时上式即为零。薄板的最大挠度在其中心处 $(a/2,b/2)$ 取得

$$w_{\max} = \frac{1}{\pi^4 D} \sum_{m=1}^{\infty} \sum_{n=1}^{\infty} \frac{(-1)^{\frac{m+n}{2}-1}}{mn\left(\dfrac{m^2}{a^2} + \dfrac{n^2}{b^2}\right)^2} \quad (m,n=1,2,3,\cdots) \tag{8.37}$$

研究此级数发现其收敛速度很快,只需取第一项即可得到较为理想的近似值。如对于 $a=b$ 的方形薄板,第一项的计算结果为

$$w_{\max} = \frac{4q_0 a^4}{\pi^6 D} = 0.004\,2\,\frac{q_0 a^4}{D} \tag{8.38}$$

此时精确解为 $w_{\max}=0.004\,1\dfrac{q_0 a^4}{D}$,近似解误差仅为 2.5%,满足工程计算精度的要求。对于金属材料,泊松比 $\mu=0.3$,则将其代入式(8.15)求得 D 并带入

式(8.38)可得方形薄板无量纲挠度的最大值为

$$\frac{w_{\max}}{h} = 0.045\,\frac{q_0}{E}\left(\frac{a}{h}\right)^4 \tag{8.39}$$

与方形薄板的边长和厚度的比值的 4 次方成正比。

8.3　薄板结构的稳定性

8.3.1　受压简支薄板的稳定性

上一节内容讨论了薄板小挠度弯曲理论,并分析了四边简支条件下薄板弯曲的解。上述分析是基于薄板弯曲处于某一弹性平衡状态,即基本平衡状态。平衡状态分为稳定平衡、不稳定平衡和随遇平衡,判断平衡状态是否属于稳定的,一种方法是分析系统平衡状态附近的变形或运动状态,另一种方法是分析系统平衡状态附近的能量特征。在飞机结构中,许多构件处于受压或者受剪的状态,对于薄板这类易曲构件,在受压状态下其稳定性问题显得颇为突出,因此在飞机结构分析中,考虑薄板的稳定性问题至关重要。

如图 8.6 所示,若矩形薄板厚度为 t ,且仅承受中面内的单位宽度的力 F_x ,则平衡方程式(8.18)可写为

$$D\left(\frac{\partial^4 w}{\partial x^4} + 2\,\frac{\partial^4 w}{\partial x^2 \partial y^2} + \frac{\partial^4 w}{\partial y^4}\right) = F_x\,\frac{\partial^2 w}{\partial x^2} \tag{8.40}$$

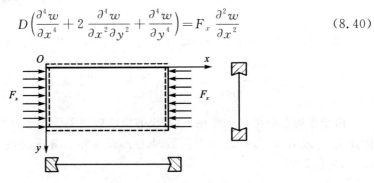

图 8.6　单向受压矩形薄板

参照材料力学中杆的平衡条件定义载荷的形式,若式(8.40)中 F_x 的值大于零,表示薄板承受单向拉伸载荷;若 F_x 的值小于零,则表示薄板承受单向压缩载荷(应力为 $\sigma_x = -F_x/t$)。根据平衡条件, σ_x 达到受压失稳临界值之前,薄板将不会发生变形,不产生挠度,即 $w=0$ 。根据这一物理意义,可推导计算单向压缩载荷下薄板受失稳的临界载荷值。

简支矩形板边界条件为:

在 $y=0$ 、$y=b$ 边界处,有

$$w = 0, \qquad \frac{\partial^2 w}{\partial y^2} = 0 \tag{8.41}$$

考虑到矩形薄板在 x 方向可能屈曲为多个半波,则可将满足矩形薄板平衡方程 (8.40) 以及边界条件的挠度 $w(x,y)$ 表示为级数形式:

$$w = w_{mn} \sin \frac{m\pi x}{a} \sin \frac{n\pi y}{b} \quad (m,n=1,2,3,\cdots) \tag{8.42}$$

将上式代入平衡方程可得

$$F_x = \frac{\pi^2 D}{b^2} \left(\frac{mb}{a} + \frac{n^2 a}{mb} \right)^2 \tag{8.43}$$

为计算单向压缩载荷下薄板受失稳的临界载荷的最小值,须使得 $n=1$。此时 y 方向只有一个半波,而沿 x 方向可能有多个半波,即

$$F_x = \frac{\pi^2 D}{b^2} \left(\frac{mb}{a} + \frac{a}{mb} \right)^2 = k_\sigma \frac{\pi^2 D}{b^2} \quad (m,n=1,2,3,\cdots) \tag{8.44}$$

式中,$k_\sigma = \left(\frac{mb}{a} + \frac{a}{mb} \right)^2$ 称为临界正应力系数,其值随着 a/b 的大小和整数 m 的数值而变化,且易知当 $m=a/b$ 时 k_σ 和 F_x 取得最小值,但此结果只有在 $m=a/b$ 为整数时成立;如果 $m=a/b$ 不是整数,仍取 $n=1$,需要分析 k_σ 随着 a/b 和 m 的变化规律。依次令 $m=1,2,3\cdots$,可求得不同 a/b 条件下的 k_σ 值,得到如图 8.7 所示的一组曲线,其中 $m=m_0$ 所对应的曲线和相邻的 $m=m_0+1$ 所对应的曲线的交点 $(a/b,k_\sigma)$ 可由下式求得

$$\begin{cases} \dfrac{m_0 b}{a} + \dfrac{a}{m_0 b} = \dfrac{(m_0+1)b}{a} + \dfrac{a}{(m_0+1)b} \\ k_\sigma = \left(\dfrac{m_0 b}{a} + \dfrac{a}{m_0 b} \right)^2 \end{cases} \tag{8.45}$$

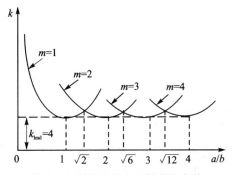

图 8.7　临界正应力系数变化曲线

对于两边存在其他边界条件的情况,同样可得到 k_σ 与 a/b 的关系曲线,在相关资料中可查询。

假设矩形薄板同时受到 F_x 和 F_y 的作用,可以推出,满足边界条件的平衡方

程为

$$\pi^4 D \left(\frac{m^2}{a^2} + \frac{n^2}{b^2} \right) w = \pi^2 \left(\frac{m^2}{a^2} F_x + \frac{n^2}{b^2} F_y \right) w \qquad (8.46)$$

或

$$m^2 \frac{b^2}{\pi^2 D} F_x + n^2 \frac{a^2}{\pi^2 D} F_y = \left(\frac{b}{a} m^2 + \frac{a}{b} n^2 \right) \qquad (8.47)$$

此时,除了需要使得 $n=1$ 外,还需要知道 F_x 和 F_y 的关系式,才能按照上述方法进一步求得临界载荷。

假设矩形薄板单独承受 $F_{cr} = \tau_{xy} t$ 的作用,利用同样的方法,可将临界剪切力写成:

$$F_{cr} = k_s \frac{\pi^2 D}{b^2} \qquad (8.48)$$

式中,$D = \dfrac{E t^3}{12(1-\mu^2)}$,$k_s$ 为剪切临界应力系数,其值与边界条件、薄板长宽比 a/b 以及失稳屈曲时长边的半波数有关。

对于其他的受载情况和边界条件,均可以写成式(8.48)的形式,只是系数 k 有所差别。此时系数 k 与载荷的形式、四边的支持情况及长宽比 a/b 的大小有关。

则临界应力可以由下式计算:

$$\sigma_{cr} = \frac{F_{cr}}{t} \qquad (8.49)$$

将式(8.48)代入上式可得受压四边简支薄板的临界应力:

$$\sigma_{cr} = \frac{k_s \pi^2 E}{12(1-\mu^2)\left(\dfrac{b}{t}\right)^2} \qquad (8.50)$$

式中,t 为薄板的厚度,b 为受压边宽度。

对于金属材料,泊松比 $\mu = 0.3$,则上式可改写为

$$\sigma_{cr} = 0.9 \frac{k_s E}{\left(\dfrac{b}{t}\right)^2} \qquad (8.51)$$

8.3.2 薄壁杆的局部失稳

飞机结构中细长的桁梁或桁条以及薄板在屈曲应力或临界应力下容易受到屈曲破坏的影响,对于这类结构,屈曲是最大的临界破坏模式,因此在飞机结构设计中,桁条和薄板的稳定性是十分重要的。一般出现两种结构不稳定:总体失稳和局部失稳。总体失稳涉及整个构件,其截面面积不发生变化,同时屈曲波长具有与构件长度相同的量级。而局部失稳时,构件的截面面积将发生改变,屈曲波长具有构件横截面尺寸的量级。飞机结构中很多地方采用桁条或者桁梁作为纵向加强筋,这些加强筋大多

属于薄壁杆件。如图 8.8 所示,薄壁杆通常属于挤压型材(见图 8.8(a))或板弯制型材(见图 8.8(b)),其截面形状有各种不同的形式,如角形、槽形、Z 形或是帽形(to-phat)等。其中,挤压型材各壁板的连接处比板弯制型材刚硬,因此,在同样条件下,挤压型材的临界应力比板弯制型材高。同时,可以看到这些平板元素被分成两种不同类型:自由不受力边的缘条和两个不受力边上相邻板元素支撑的腹板。

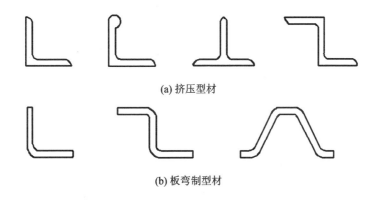

(a) 挤压型材

(b) 板弯制型材

图 8.8　各种薄壁杆形式

在进行飞机结构设计时,涉及薄壁杆,其失稳临界应力的计算一般按照实验曲线求取。在无实验曲线的情况下,薄壁杆的总体失稳临界应力可参考材料力学中压杆稳定性判断的欧拉公式求取,在此不再做介绍。

对于薄壁杆的局部失稳,其状态类似于薄板失稳,可近似认为薄壁杆由几个薄板相连接而成。分析薄壁杆局部失稳,可以先计算受压薄板中每个薄板元素的临界应力,取其中的最小值作为该薄壁杆的局部失稳临界应力。

由于薄壁杆的截面形状有所差异,计算不同板元素的临界应力时,需根据板元素所处位置和相邻板元素的状态简化其边界支撑条件。在工程实际中,常常用到一些简化基本原则:第一,若某薄板元素的两边有两个相邻的薄板元素与之相连,则认为该薄板元素的边界条件是四边简支,临界应力系数 $k=4$;第二,若某薄板元素一边与另一个薄板元素相连,另一边为自由边,则认为此薄板元素是三边简支,一边自由,此时临界应力系数 $k=0.45$;第三,若某薄板元素一边与另外两个薄板元素相连,另一边是自由边,如 T 形剖面型材的凸缘板,可认为此薄板元素是一边固支,另一边自由,其余两个加载边为简支,此时系数 $k=1.33$。

工程实际中薄壁杆不同,薄板元素之间的支撑关系是非常复杂的,相对准确的 k 值的选取可由图 8.9 中曲线获取。曲线 1 表示某薄板元素 b 两边同时与两个板元素 a 相邻,同时相邻的板元素 a 另一边也与其他的板元素相连,由该曲线可知,相邻板元素 a 的宽度减小,将增大被支撑板元素 b 的 k 值;相邻板元素 a 的宽度增大,将使得被支撑板元素 b 的 k 值接近于简支状态下的 $k=4$。曲线 2 表示某板元素 b 两边同时与两个板元素 a 相邻,此时相邻的板元素另一边属于自由边,此时当 a 的宽度较小时,板元素 b 的状态就接近于具有一个自由边的板元素的情况。曲线 3 表示某板元素 b 其中一边为自由边的 k 值曲线,虚线区域表示 k 值的散布范围。

　　分析上图中曲线 2 可知,小的卷边能够大大提高相邻的板元素的稳定性,因此,实际飞行器结构设计中,可以发现通常将薄壁杆型材的截面做成带有如图 8.10 所示的卷边形式。但卷边宽度需要遵循一定的原则:一方面卷边太小将使板元素 b 的稳定性降低太多,另一方面卷边太大对板元素 b 的稳定性提高不多,反而使本身的稳定性大为降低,板元素卷边的最佳宽度是 $a=(0.25\sim0.3)b$。为了提高挤压型材的稳定性,通常将薄壁杆截面的自由边做成圆头,此时圆头的作用和卷边的作用类似,带有圆头的板元素可看成是四边简支的,k 值取为 4。

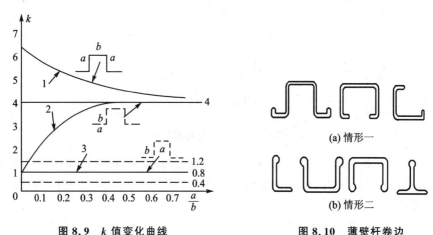

图 8.9　k 值变化曲线　　　　　　　图 8.10　薄壁杆卷边

　　例题 8 - 1　有某铝制薄壁型材,其剖面尺寸如图 8.11 所示,薄壁杆受到正应力 $\sigma_p=180$ MPa 的作用。已知薄壁杆厚度均为 1,材料弹性模量 $E=0.8\times10^5$ MPa,截面面积 $F=1.6$ cm^2,剖面最小惯性半径 $i_x=1.4$ cm,试求该薄壁杆的局部失稳极限

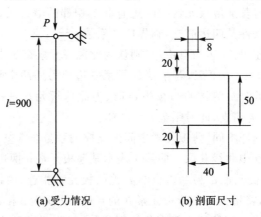

(a) 受力情况　　　　　(b) 剖面尺寸

图 8.11　薄壁杆尺寸(单位:cm)

载荷。

解：

不考虑卷边，所有杆壁板元素可认为是四边简支，取 $k=4$。最宽的板元素临界应力最小，根据式(8.51)可得

$$\sigma_{cr,1} = \frac{0.9 \times 4 \times 0.8 \times 10^5}{\left(\frac{50}{1}\right)^2} \text{ MPa} = 115 \text{ MPa}$$

为了计算卷边的临界应力，可取 $k=0.5$，其临界应力为

$$\sigma_{cr,2} = \frac{0.9 \times 0.5 \times 0.8 \times 10^5}{\left(\frac{8}{1}\right)^2} \text{ MPa} = 562 \text{ MPa}$$

薄壁型材的局部失稳临界应力取最小值，即

$$\sigma_{cr,loc} = 115 \text{ MPa}$$

故局部失稳极限载荷为

$$P_{cr} = \sigma_{cr,loc} F = (115 \times 1.6 \times 10^{-4}) \text{ kN} = 18.4 \text{ kN}$$

参考文献

[1] Michael C Y Niu. 程小全,译. 实用飞机结构工程设计[M]. 北京:航空工业出版社,2008.

[2] Michael C Y Niu. Airframe Suctural Design [M]. Hong Kong:Conmilit Press,1988.

[3] 姚卫星,顾怡. 飞机结构设计[M]. 北京:国防工业出版社,2016.

[4] 郦正能. 飞行器结构学[M]. 2版. 北京:北京航空航天大学出版社,2010.

[5] 余旭东,徐超,郑晓亚. 飞行器结构设计[M]. 西安:西北工业大学出版社,2010.

[6] 顾诵芬. 飞机总体设计[M]. 北京:北京航空航天大学出版社,2001.

[7] 陶梅贞. 现代飞机综合结构设计[M]. 西安:西北工业大学出版社,2003.

[8] 《飞机设计手册》总编委会. 飞机设计手册第 2 册. 标准与标准件[M]. 北京:航空工业出版社,2000.

[9] 《飞机设计手册》总编委会. 飞机设计手册第 10 册. 结构设计[M]. 北京:航空工业出版社,2000.

[10] 《飞机设计手册》总编委会. 飞机设计手册第 14 册. 起飞着陆系统设计[M]. 北京:航空工业出版社,2000.

[11] 何庆芝. 航空航天概论[M]. 北京:北京航空航天大学出版社,1997.

[12] 龙江,刘峰,张中波. 现代飞机结构与系统[M]. 西安:西北工业大学出版社,2016.

[13] 李成功,傅恒志,于翘,等. 航空航天材料学[M]. 北京:国防工业出版社,2002.

[14] 杨智春,赵令诚. 飞行器气动弹性力学[M]. 西安:西北工业大学出版社,2009.

[15] 吴学仁. 飞机结构金属材料力学性能手册[M]. 北京:航空工业出版社,1996.

[16] 孙侠生. 民用机结构强度刚度设计与验证指南[M]. 北京:航空工业出版社,2012.

[17] 范玉清. 现代飞机制造技术[M],北京:北京航空航天大学出版社,2001.

[18] 杨华保.飞机原理与构造[M]. 西安:西北工业大学出版社,2001.

[19] 王新颖,飞机起落架装置[M]. 天津:中国民用航空学院,1995.

[20] 国防科学技术工业委员会. 军用飞机强度和刚度规范使用说明[M]. 北京:国防工业出版社,1986.

[21] 中国航空研究院. 军用飞机疲劳、损伤容限、耐久性设计手册[M]. 北京：航空工业出版社，1994.

[22] 王耀先. 复合材料结构设计[M]. 北京：化学工业出版社，2001.

[23] 航空航天工业部科学技术研究院. 复合材料设计手册[M]. 北京：航空工业出版社，1992.

[24] 沈真. 复合材料飞机结构耐久性/损伤容限设计指南[M]. 北京：航空工业出版社，1995.

[25] Timoshenko S P, Goodier J N. 弹性理论[M]. 3 版. 北京：清华大学出版社，2004.

[26] 吴家龙. 弹性力学[M]. 3 版. 北京：高等教育出版社，2016.

[27] 龚尧南. 结构力学[M]. 北京：北京航空航天大学出版社，2002.

[28] 付宝连. 弹性力学中的能量原理及其应用[M]. 北京：科学出版社，2004.

[29] 欧阳辉，李田军. 理论力学[M]. 北京：北京大学出版社，2013.

[30] T H G 麦格森. 飞机结构分析概论[M]. 北京：航空工业出版社，2016.

[31] 梁立孚. 飞行器结构力学[M]. 北京：中国宇航出版社，2012

[32] 黄达海，郭全全. 概念结构力学[M]. 北京：北京航空航天大学出版社，2010.

[33] 杜正国. 结构力学教程[M]. 成都：西南交通大学出版社，2004.

[34] 王敏中，王炜，武际可. 弹性力学教程[M]. 北京：北京大学出版社，2002.

[35] 徐芝纶. 弹性力学[M]. 4 版. 北京：高等教育出版社，2006.

[36] 束德林. 工程材料力学性能[M]. 2 版. 北京：机械工业出版社，2007.

[37] 朱耀淮. 结构力学及工程结构梁[M]. 成都：西南交通大学出版社，2010.

[38] 梁力，李明. 土木工程结构数值计算与仿真分析方法[M]. 沈阳：东北大学出版社，2014.

[39] 薛明德，向志海. 飞行器结构力学基础[M]. 北京：清华大学出版社，2009.

[40] 韩强. 高等板壳理论[M]. 北京：科学出版社，2002.

[41] 包世华，周坚. 薄壁杆件结构力学 [M]. 北京：中国建筑工业出版社，2006.

[42] 郝际平，钟炜辉. 薄壁杆件的弯曲与扭转[M]. 北京：高等教育出版社，2006.